KB247789

5천만이 사랑하는 국민간식

한입에 떡볶이

요리 **김봉경 & 최승봉**

수작걸다

맛있는 떡볶이의 기본 원칙 5

1 **천연 조미료의 맛** ▸▸▸
육수 내기

사 먹는 떡볶이의 맛을 집에서 내고 싶다면 육수부터
준비하세요. 조미료 없이 육수만 넣어도 그 맛이 깊고
진하답니다. 멸치육수, 황태육수, 채수 등 집에 있는 재료를
이용해 육수를 내주세요.

2 **깊은 맛의 비결** ▸▸▸
양념장 숙성시키기

고추장떡볶이 양념장을 미리 준비하세요. 시간이 넉넉하다면
하루 동안, 시간이 없다면 최소 1시간이라도 숙성시켰다가
사용하세요. 양념에 들어가는 재료가 서로 어우러져야
떡볶이의 맛이 더욱 깊어집니다.

3 **깔끔한 맛** ▸▸▸
떡 데치기

깔끔한 맛의 떡볶이를 원한다면 끓는 물에 떡을 살짝
데쳤다가 사용하세요. 떡의 전분기가 빠져 텁텁한 맛이
사라지죠. 떡에 남아 있는 기름기와 냄새도 없애준답니다.
즉석떡볶이나 걸쭉한 양념의 떡볶이라면 떡을 데치는 대신
물에 한 번 헹구어 사용해도 됩니다.

4 **맛있는 비주얼** ▸▸▸
단맛 넣기

떡볶이에서 단맛은 빼놓을 수 없지요. 메뉴에 따라 설탕,
흑설탕, 물엿, 올리고당, 갈색물엿 등 다양하게 쓰입니다.
단맛을 강하게 내고 싶다면 설탕과 물엿을, 진한 색의 윤기를
내고 싶다면 흑설탕과 갈색물엿을 사용하세요.

5 **실패 없는 맛** ▸▸▸
고추장과 고춧가루
섞어 사용

소문난 떡볶이 맛집의 공통점이 있다면 고춧가루를
사용한다는 점이지요. 고추장에 고춧가루를 섞어 사용하면
달큰한 고추장과 칼칼한 고춧가루의 맛을 함께 낼 수
있습니다. 실패 없이 만드는 비결이지요.

1 **기본양념에 따라** ▸▸▸
고추장 vs
크림 vs 간장

떡볶이 맛을 가르는 핵심은 기본양념에 있습니다. 고추장, 크림, 간장 3가지 기본양념으로 나누어 떡볶이 레시피를 소개했습니다. 맛 걱정 없는 기본양념 만들기부터 사용하는 고추장, 크림, 간장 타입에 따라 달라지는 양념 비법을 배워보세요.

2 **추가소스에 따라** ▸▸▸
다양한 맛의
떡볶이로 변신

고추장, 크림, 간장 기본양념에 약간의 재료를 더해보세요. 색다른 레시피의 떡볶이가 완성됩니다. 새콤매콤케찹떡볶이, 고추장로제떡볶이, 크림카레떡볶이, 유자간장떡볶이, 핫소스간장떡볶이 등 다채로운 양념의 떡볶이에 도전하세요!

3 **일러두기** ▸▸▸
재료 및 분량 기준

▸ 모든 메뉴는 2인 분량입니다.

▸ 2인 기준 떡볶이 떡(200g) 기준입니다.

▸ 사용한 고추장은 태양초고추장, 간장은 진간장,
크림은 생크림입니다.

▸ 떡볶이 떡 (200g)별 고추장 기본양념 분량은 고추장 2큰술,
고춧가루 · 쯔유 · 설탕 · 물엿 · 맛술 1큰술씩, 다진 마늘 1/2큰술,
간장 1작은술, 후춧가루 약간

▸ 떡볶이 떡 (200g)별 크림 기본양념 분량은 생크림 2컵,
다진 양파 2큰술, 다진 마늘 · 올리브유 1/2큰술씩, 소금 1/2작은술,
파슬리가루 · 후춧가루 약간씩

▸ 떡볶이 떡 (200g)별 간장 기본양념 분량은 간장 2큰술, 설탕 ·
물엿 · 다진 파 1큰술씩, 맛술 · 다진 마늘 2/3큰술씩, 후춧가루 약간

▸ 컵의 기준은 계량컵 기준으로 하였습니다.
계량컵 1컵=종이컵 1과1/9컵입니다.

▸ 양념류는 계량스푼 기준으로 하였습니다.

　• 계량스푼 고추장 1큰술=밥숟가락 수북이 1큰술

　• 계량스푼 생크림 1큰술=밥숟가락 1과1/3큰술

　• 계량스푼 간장 1큰술=밥숟가락 1과1/3큰술

▸ 채소는 중간크기, 1개 기준 200g입니다.

CONTENTS

INFO

떡볶이 INFORMATION

1. 떡볶이 Q&A ›› 13P

2. 다양한 떡볶이 떡의 세계 ›› 14P

3. 국물 맛의 핵심, 육수 내기 ›› 16P

4. 3大 기본양념 만들기 ›› 18P

5. 떡볶이 토핑 A to Z ›› 22P

SPECIAL

히트 떡볶이 따라잡기

마늘튀김떡볶이 ›› 26P

원조떡볶이 ›› 28P

국물떡볶이 ›› 29P

뚝배기떡볶이 ›› 30P

기름떡볶이 ›› 31P

무떡볶이 ›› 32P

튀김떡볶이 ›› 34P

하얀떡볶이 ›› 35P

즉석해물떡볶이 ›› 38P

즉석짜장떡볶이 ›› 39P

크림전골떡볶이 ›› 40P

PART 1
고추장떡볶이

BASIC

통오징어국물떡볶이 ›› 46P

고추장토마토홍합떡볶이 ›› 48P

해물떡찜볶이 ›› 49P

고추장현미튀밥떡볶이 ›› 50P

얼큰어묵꼬치떡볶이 ›› 51P

차돌박이떡볶이 ›› 54P

마파두부떡볶이 ›› 55P

돼지고기볶음짬뽕떡볶이 ›› 56P

돈가스국물떡볶이 ›› 58P

PLUS+

+ 우유 우유체다치즈떡볶이 ›› 61P

+ 짜장가루 매운 짜장떡볶이 ›› 62P

+ 플레인요구르트 떠먹는 치즈떡볶이 ›› 64P

+ 카레가루 목살고추장카레떡볶이 ›› 65P

+ 케첩 새콤매콤케첩떡볶이 ›› 66P

TIP1 고추장떡볶이 양념에 밥 볶기 ›› 59P

TIP2 고추장떡볶이에 어울리는 즉석 주먹밥 ›› 67P

CONTENTS

PART 2
크림떡볶이

BASIC

라자냐떡볶이 ›› 72P

맥앤치즈떡볶이 ›› 73P

빠네크림떡볶이 ›› 74P

생크림단호박즉석떡볶이 ›› 76P

검정콩우유떡볶이 ›› 77P

해물크림즉석국물떡볶이 ›› 80P

날치알떡볶이 ›› 81P

불닭크림떡볶이 ›› 82P

살사치아떡볶이 ›› 84P

PLUS+

+ 스리라차소스 스리라차치킨크림떡볶이 ›› 87P

+ 고추장 새우고추장로제떡볶이 ›› 88P

+ 짜장가루 짜장치즈크림떡볶이 ›› 90P

+ 카레가루 카레크림감자크로켓떡볶이 ›› 91P

+ 콩가루 콩가루크림떡볶이 ›› 92P

TIP1 크림떡볶이 소스에 밥 볶기 ›› 85P

TIP2 크림떡볶이에 어울리는 즉석 주먹밥 ›› 93P

PART 3
간장떡볶이

BASIC

월과채떡볶이 ›› 96P

마늘버터떡볶이 ›› 98P

인절미떡볶이탕수육 ›› 99P

해물절편누룽지떡볶이 ›› 100P

땅콩떡볶이 ›› 101P

가츠동떡볶이 ›› 104P

바싹불고기떡볶이 ›› 105P

매콤찜닭떡볶이 ›› 106P

즉석간장떡볶이 ›› 108P

PLUS+

+ 고춧가루 매운 떡깐풍기 ›› 111P

+ 참깨소스 버섯떡샐러드 ›› 112P

+ 핫소스 튀긴 떡볶이샐러드 ›› 113P

+ 두반장 돼지고기가지떡볶이 ›› 114P

+ 유자청 유자간장떡꼬치 ›› 116P

TIP1 간장떡볶이 양념에 밥 볶기 ›› 109P
TIP2 간장떡볶이에 어울리는 즉석 주먹밥 ›› 117P

BONUS
떡볶이랑 찰떡 궁합

길거리오뎅국 ›› 118P

얼큰오뎅국 ›› 119P

잡채왕김말이 ›› 120P

치즈김말이 ›› 121P

납작만두 ›› 122P

튀김만두 ›› 123P

깻잎고기튀김 ›› 124P

갈비맛고추튀김 ›› 125P

쫄면 ›› 126P

라볶이 ›› 127P

토르티야피자 ›› 128P

채소감자크로켓 ›› 129P

라이스페이퍼치즈스틱 ›› 130P

순대채소볶음 ›› 131P

떡볶이

INFORMATION

1. 떡볶이 Q&A

2. 다양한 떡볶이 떡의 세계

3. 국물 맛의 핵심, 육수 내기

4. 3大 기본양념 만들기

5. 떡볶이 토핑 A to Z

떡볶이 Q & A

국민간식으로 손꼽히는 떡볶이. 언제부터 먹기 시작했을까요?
밀떡볶이와 쌀떡볶이의 차이점은 또 뭘까요? 떡볶이를 둘러싼
다양한 궁금증부터 풀어봅니다.

국민간식 떡볶이, 그 시작은?

떡볶이의 시작은 궁중, 사대부 요리였습니다. 조선 후기 조리서로 알려진 <시의전서>
에서 떡볶이는 '흰떡을 탕무처럼 썰어 잠깐 볶는, 다른 찜과 같은 재료가 모두 들어가
지만 가루즙은 넣지 않는 요리'로 소개되었지요. <주식시의>라는 책에는 '떡을 잘라
기름을 많이 두르고 쇠고기를 가늘게 썬 것과 함께 넣어 볶는 요리'로 소개되기도 했습
니다.

떡볶이는 언제부터 매워졌을까?

간장 양념 떡볶이는 쇠고기와 떡을 같이 볶아내는 궁중요리에서 유래되었고, 고추장
양념 떡볶이는 한국전쟁 직후 먹기 시작되었습니다. 1950년대 중국 음식점 개업식에
참여했던 마복림 할머니가 짜장면 그릇에 가래떡을 실수로 떨어뜨렸다가 아이디어를
착안, 밀떡에 고추장을 버무려 신당동 길거리에서 팔기 시작했다는 설이 있지요. 떡과
채소, 고추장, 춘장 등을 즉석에서 끓여 먹는 '신당동떡볶이'의 시초입니다.

떡볶이의 시조, 3大 떡볶이

대한민국을 뒤흔든 떡볶이의 시조로는 '신당동떡볶이'와 '기름떡볶이', '마약떡볶이'를
들 수 있습니다. 마복림 할머니가 개발한 '신당동 떡볶이'가 인기를 모을 즈음 고추장에
재운 가래떡을 기름에 지진 '기름떡볶이'도 등장했지요. 1970년대에는 대구 윤옥현 할
머니가 리어카에 연탄불을 올려놓고 떡볶이를 팔았는데 그게 눈물 나게 매워 '마약떡
볶이'로 불렸다고 합니다.

밀떡볶이 vs 쌀떡볶이의 다른 점은?

그 차이는 재료에 있지요. 밀가루로 만들었는가, 쌀가루로 만들었는가에 따라 달라집
니다. 밀떡으로 만든 떡볶이는 국물이 잘 졸아 국물 맛이 좋고, 쌀떡으로 만든 떡볶이
는 오래 끓여도 쫄깃한 맛이 그대로지요. 그런 까닭에 밀떡과 쌀떡을 섞어서 만드는 떡
볶이 전문점도 꽤 많답니다. 그 밖에 밀떡과 쌀떡의 단점을 줄인 밀가루에 전분을 섞은
전분떡볶이도 있는데 익히면 흰색으로 변하는 게 특징입니다.

다양한 떡볶이 떡의 세계

밀떡과 쌀떡 외에도 그 모양과 재료에 따라 새로운 떡이 속속 등장하고 있습니다. 떡볶이의 양념에 맞춰 떡을 선택해보세요.

모양에 따라…

조랭이떡

작고 귀여운 떡볶이 떡입니다. 아이 간식용으로 제격이지요. 크기가 작아서 양념이 약한 떡볶이를 만들 때 사용하면 좋아요.

구슬떡

구슬모양이라 하여 구슬떡이라고 불립니다. 스푼으로 떠먹는 떡볶이나 국물이 많은 떡볶이, 샐러드 떡볶이 등에 잘 어울리지요.

떡쌈

떡쌈은 라자냐처럼 사이사이에 양념을 넣어 만드는 요리에 사용하기 좋지요. 떡볶이 떡처럼 활용하면 그 맛도, 비주얼도 색달라요.

떡국떡

떡국떡은 얇고 면적이 넓어 양념의 맛을 잘 느낄 수 있지요. 진한 떡볶이 양념을 맛보고 싶다면 떡국떡을 사용하세요.

누들떡
구슬떡
밀떡
단호박떡
떡국떡
한입쌀떡

재료에 따라…

밀떡

즉석떡볶이에 사용하면 떡이 빨리 익어 쫄깃한 식감을 즐기기 좋지요. 모양도 여러 가지 있으니 골라 쓰세요.

누들떡

밀가루로 만든 밀가루 떡입니다. 국수처럼 얇게 만들어져서 나온 떡으로 국물이 많은 떡볶이에 넣으면 마치 국수요리 같지요.

치즈떡

떡 속에 모짜렐라치즈가 들어 있어 한입 베어 물면 진득한 소스 맛과 쭉 늘어지는 치즈가 조화를 이루지요. 매콤한 양념의 떡볶이에 넣으면 매운맛을 중화시켜줍니다.

자색고구마떡

보랏빛 색상의 떡으로, 진한 양념보다는 간장이나 크림소스 떡볶이에 넣으세요. 떡 안에 고구마가 들어 있어 달콤한 맛을 더합니다.

단호박떡

노란빛을 내어 크림소스에 넣었을 때 색이 더 돋보이는 떡입니다. 안에 달콤한 단호박이 들어 있어 먹는 즐거움이 배가되지요.

얇은 쌀떡

치즈떡

조랭이떡

밀떡

떡쌈

가래떡

자색고구마떡

국물 맛의 핵심, 육수 내기

육수는 맛있는 떡볶이를 만드는 필수조건입니다. 고추장 양념에는 멸치육수가, 간장 양념에는 채수가 제격이지요. 떡볶이 재료에 따라서 육수를 달리 선택해도 좋습니다. 맛이 더욱 깊어진답니다.

채수

깔끔한 맛을 내고 싶을 때는 채소로 국물을 낸 채수를 사용하세요. 채소는 얇게 슬라이스하거나 곱게 채 썰어 넣어야 단시간에 재료의 맛이 잘 우러나옵니다. 건고추가 없다면 청양고추나 풋고추를 넣어주세요.

물 3과1/2컵, 무 1cm 두께 1토막, 양파·당근 1/4개씩, 다시마 5×5cm 2장, 건고추 1개

1. 무와 양파, 당근은 0.5cm 두께로 썬다.
2. 냄비에 재료를 모두 넣고 부르르 끓으면 다시마를 건진다.
3. ❷를 중약 불로 줄여 10분 더 끓여 완성한다.

멸치보리새우육수

진하고 깊은 맛의 떡볶이를 만들 때 추천합니다. 멸치의 깊은 맛과 보리새우의 감칠맛이 조화를 이루지요. 멸치는 내장을 빼고 넣어야 쓴맛이 나지 않아요. 해산물 요리에 잘 어울립니다.

물 5컵, 국물용 멸치 1컵(10~12마리), 보리새우 1/2컵, 무 2cm 두께 1토막, 양파·당근 1/3개씩, 다시마 5×5cm 2장, 건고추 1개, 청주 1작은술

1. 멸치는 내장을 빼고 마른 팬에 멸치와 새우를 볶아 수분을 날려 비린내를 없앤다.
2. 무와 양파, 당근은 0.5cm 두께로 썬다.
3. 냄비에 재료를 모두 넣고 부르르 끓으면 다시마를 건진다.
4. ❸을 중약 불로 줄여 10분 더 끓여 완성한다.

채수

멸치보리새우육수

멸치육수

황태육수

멸치육수

국물떡볶이나 진한 국물의 떡볶이를 만들 때 사용하세요. 멸치는 내장을 뺀 후 마른 팬에 볶아야 맛있는 멸치육수를 만들 수 있습니다. 청주 1작은술을 넣으면 알코올이 증발하면서 멸치의 비린 맛을 날려줍니다.

물 5컵, 멸치 2컵(20~25마리), 무 2cm 두께 1토막, 양파 · 당근 1/3개씩, 다시마 5×5cm 2장, 건고추 1개, 청주 1작은술

1. 멸치는 내장을 빼고 마른 팬에 볶아 수분을 날려 비린내를 없앤다.
2. 무와 양파, 당근은 0.5cm 두께로 썬다.
3. 냄비에 재료를 모두 넣고 부르르 끓으면 다시마를 건진다.
4. ❸을 중약 불로 줄여 10분 더 끓여 완성한다.

황태육수

진한 양념장을 만들고 싶을 때 황태육수를 넣으면 맛이 시원해집니다. 황태 또는 북어대가리를 이용하여 육수를 만들면 뽀얀 국물이 깊은 맛을 더해주지요. 황태를 물에 불려 참기름을 두른 팬에서 달달 볶다가 물을 넣고 오래 끓이면 육수가 더 진해집니다.

물 5컵, 황태채 2컵, 무 2cm 두께 1토막, 양파 · 당근 1/3개씩, 다시마 5×5cm 2장, 건고추 1개, 청주 1작은술, 참기름 약간

1. 황태는 물에 약간 불렸다 약간의 참기름을 두른 달군 팬에 달달 볶는다.
2. 무와 양파, 당근은 0.5cm 두께로 썬다.
3. 냄비에 재료를 모두 넣고 부르르 끓으면 다시마를 건진다.
4. ❸을 중약 불로 줄여 10분 더 끓여 완성한다.

3大 기본양념 만들기

고추장, 크림, 간장의
기본양념 레시피를
소개합니다. 별다른 재료 없이
간단한 채소와 기본양념만
있어도 맛있는 떡볶이가
완성되지요. 기본양념을
만들 때는 집에서 사용하는
고추장과 간장 등 재료의
특징을 제대로 파악해야
그 맛을 조절할 수 있답니다.

고추장 기본양념

1. 분량의 재료를
준비한다.

2. 고춧가루와 고추장,
설탕을 섞은 다음
다진 마늘을 제외한 남은
재료를 섞는다.

3. ❷에 곱게 다진 마늘을
고루 섞는다.

4. 완성된 고추장 양념은
랩핑해 냉장실에서 하루
숙성시킨다.

맛있는 고추장 기본양념의 핵심은 고추장과 고춧
가루의 비율에 있습니다. 고추장과 고춧가루의 최
상 비율은 2:1이지요. 진한 색깔의 고추장 양념을
만들고 싶다면 설탕 대신 흑설탕, 갈색물엿을 넣
어 양념을 만드세요.

재료 고추장 2큰술, 고춧가루 · 쯔유 · 설탕 · 물엿 · 맛
술 1큰술씩, 다진 마늘 1/2큰술, 간장 1작은술, 후춧가
루 약간

COOKING TIP

고추장 종류별 떡볶이 사용법

태양초고추장 매콤하면서 깔
끔한 떡볶이에 적합합니다.

찹쌀고추장 부드러운 맛과
윤기있는 떡볶이를 만들고 싶
을 때 추천합니다.

청양고추고추장 매운 떡볶이
에는 청양고춧가루 대신 청양
고추고추장을 넣으세요.

현미고추장 현미가 발효되면
서 소화 흡수율도 높아지고
짠맛도 덜합니다.

볶음고추장 국물이 자작한 떡
볶이에 어울려요. 단맛을 줄
여 넣으세요.

1. 분량의 재료를 준비한다. 파슬리가루는 생략해도 좋다.

2. 달군 팬에 올리브유를 둘러 다진 양파, 다진 마늘을 볶는다.

3. ❷에 생크림을 부어 끓인다.

4. ❸에 소금과 후춧가루로 간한다. 마무리에 파슬리가루를 넣는다.

크림 기본소스

크림 소스를 너무 센 불로 끓이면 지방이 분리되어 맛도 떨어지고, 비주얼도 좋지 않지요. 중간 불에서 끓여야 합니다. 진한 크림 소스를 만들고 싶다면 생크림만 사용하세요. 즉석떡볶이나 국물떡볶이에는 아래 소스 재료에 우유 2컵, 체다치즈 2장을 추가하세요.

재료 생크림 2컵, 다진 양파 2큰술, 다진 마늘·올리브유 1/2큰술씩, 소금 1/2작은술, 파슬리가루·후춧가루 약간씩

COOKING TIP

크림 종류별 떡볶이 사용법

생크림 첨가물이 들어 있지 않아 고소하고 부드럽지요. 보존기간이 길지 않습니다.

우유 물 대신 육수처럼 넣어 줍니다. 생크림 대신 우유에 콩이나 연근, 마 등을 갈아넣어도 생크림을 넣은 효과를 낼 수 있어요.

휘핑크림 우유보다 깊고 부드러운 맛을 낼 수 있지요. 진한 크림 떡볶이를 만들 때 사용하면 좋습니다.

치즈 체다치즈, 모짜렐라치즈 등 다양한 치즈를 넣어 크림소스를 만들면 풍미가 더 높아집니다.

간장 기본양념

1. 분량의 재료를 준비한다.

2. 간장에 설탕을 잘 섞어 녹인다. 설탕은 미리 넣어야 단맛이 잘 배인다.

3. ❷에 물엿, 맛술, 후춧가루를 섞는다.

4. ❸에 다진 마늘, 다진 파를 섞어 완성한다.

간장 기본양념을 만들 때는 간장과 단맛(설탕 또는 물엿)의 비율을 1:1로 맞춰야 짭조름하면서도 달달한 맛을 낼 수 있습니다. 국물떡볶이에는 국간장을 넣어야 맛이 깔끔하지요. 마지막에 참기름 또는 들기름을 약간 넣어주면 향이 좋은 간장 양념이 완성됩니다.

재료 간장 2큰술, 설탕 · 물엿 · 다진 파 1큰술씩, 맛술 · 다진 마늘 2/3큰술씩, 후춧가루 약간

COOKING TIP

간장 종류별 떡볶이 사용법

진간장 색과 맛이 진해 볶음이나 국물이 자작한 떡볶이와 잘 맞습니다.

국간장 국물떡볶이처럼 국물이 많은 떡볶이에 국간장을 넣으면 색은 진해지지 않고 깔끔한 맛을 낼 수 있어요.

저염간장 아이 간식으로 만들 때 저염간장을 만들면 덜 짜게 먹일 수 있어요.

맛간장 이미 조리가 되어 있으니 설탕, 물엿의 양은 줄이거나 생략하세요. 다진 마늘, 다진 파 등만 넣어주세요.

떡볶이 토핑
A to Z

육수와 기본양념이 떡볶이의 맛을 좌우한다면 다양한 토핑은 떡볶이에 개성을 입혀줍니다. 입맛에 따라 취향껏 토핑 메뉴를 곁들이세요. 재료의 특징을 알면 떡볶이에 활용하기 좋습니다.

라면
떡볶이에 라면을 넣을 때는 2분 정도 따로 삶아 넣어주세요. 꼬들꼬들한 사리를 맛볼 수 있습니다.

펜네와 푸실리
작은 쇼트 파스타를 곁들이면 비주얼도 맛도 색다르지요. 떡볶이 떡 대신 사용해도 좋아요.

우동
쫄깃한 우동 면도 떡볶이와 잘 어울립니다. 국물이 자작한 떡볶이에 넣어야 붇지 않게 즐길 수 있지요.

납작당면
납작당면은 30분 정도 물에 불렸다 조리해야 당면 익는 시간이 단축되어 간이 적당히 배여요. 일반 당면에 비해 소스 닿는 면적이 넓어 양념이 잘 묻어납니다. 간장 양념에 특히 잘 어울려요.

쫄면
국물떡볶이 토핑 메뉴로 제격입니다. 쫄면 자체가 국물을 많이 빨아들이므로 국물이 없는 떡볶이에 넣으면 자칫 간이 심심해질 수 있어요.

오뎅
꼬들하게 먹고 싶을 때는 그대로, 담백한 맛을 원하면 끓는 물에 살짝 데쳐 넣어주세요.

소시지

칼집낸 소시지를 팬에 지져 떡볶이 소스에
찍어 먹으면 맛이 좋지요. 즉석떡볶이에 넣으면
부대찌개처럼 즐길 수 있습니다.

순대

시판 순대는 떡볶이에 넣기 전에 한번 쪄야 느끼한
맛이 덜합니다. 순대는 꼭 식은 후에 썰어야 순대가
터지지 않지요.

만두

양념이 진하고 걸쭉한 소스에 넣으면 만두에
소스가 잘 묻어나서 더 맛있게 먹을 수 있어요.

콩나물

즉석떡볶이나 국물떡볶이에 콩나물을 넣으면
시원한 국물맛을 낼 수 있지요. 냄비 뚜껑 조절에
신경 써야 비린 맛이 없어요.

치즈

매운맛을 중화시키고 싶거나 크림떡볶이의 진한
맛을 내고 싶을 때 치즈를 넣으면 효과적이지요.

달걀

삶은 달걀은 고추장, 간장, 크림 양념 어디에나 잘
어울리지요. 으깨어 넣어도 맛이 좋아요.

COOKING TIP

달걀 잘 삶는 방법

1. 달걀은 냉장고에서 꺼내 실온에서 둔다.
2. 냄비에 달걀, 물, 소금과 식초 약간씩을 넣는다.
3. ❷를 중약 불에서 달걀이 한쪽 방향으로 끓을
때까지 저어가며 삶는다.
4. 삶은 달걀은 바로 찬물로 헹궈야 껍질이
잘 벗겨진다.

국민간식이라는 명성에 걸맞게 떡볶이는 전국 곳곳에 유명
맛집이 포진되어 있습니다. 각종 매스컴에서 하루가 멀게 떡볶이
달인이 등장하지요. 대한민국을 들썩인 떡볶이 히트 메뉴를 이제
집에서 만들어보세요!

히트 떡볶이 따라잡기

- 마늘튀김떡볶이
- 원조떡볶이
- 국물떡볶이
- 뚝배기떡볶이
- 기름떡볶이
- 무떡볶이
- 튀김떡볶이
- 하얀떡볶이
- 즉석해물떡볶이
- 즉석짜장떡볶이
- 크림전골떡볶이

마늘튀김떡볶이

다진 마늘을 양념에 넣고 마늘 칩을 토핑으로 뿌려냅니다. 마늘은 끓이거나
볶거나 튀기면 알싸한 맛은 사라지고 맛있는 단맛이 나오지요. 마늘의 장점을
이용해 만들었어요. 녹말물로 국물의 농도를 맞추면 양념이 떡에 잘 묻어나
더 맛있습니다.

밀떡 200g, 통마늘 10개, 대파 흰 부분 10cm, 식용유 2컵
멸치육수 물 4컵, 국물용 멸치 2컵, 무 2cm 두께 1토막, 양파 · 당근 1/3개씩,
다시마 5×5cm 2장, 건고추 1개, 청주 1작은술
양념 고추장 1과1/2작은술, 다진 마늘 3큰술, 설탕 · 올리고당 · 쯔유 1큰술씩, 고춧가루 1작은술,
국간장 1/2작은술, 후춧가루 약간
녹말물 녹말가루 1큰술, 물 3큰술

1. 육수용 멸치는 내장을 빼고 약한 불로 달군 팬에 수분이 없을 때까지 볶고 무, 양파,
   당근은 1cm 두께로 자른다. 냄비에 모든 육수 재료를 함께 끓이다 다시마를 건져내고 중약
   불에서 10~15분 더 끓인다.
2. 볼에 양념 재료를 모두 섞어 양념장을 만든다.
3. 통마늘은 얇게 슬라이스하고 대파는 반 갈라 5cm 길이로 자른다.
4. 튀김 팬에 식용유를 붓고 170℃에서 슬라이스한 마늘을 노릇하게 튀긴다.
5. 냄비에 멸치육수 2와1/2컵, 양념장, 밀떡, 대파를 넣어 끓인 후 녹말물로 농도를 맞춘다.
   완성되면 ❹의 튀긴 마늘을 얹어낸다.

원조떡볶이

색이 진한 원조떡볶이는 갈색물엿과 흑설탕으로 단맛을 냅니다. 갈색물엿 대신 조청이나 갈색빛이 도는 올리고당을 넣어도 되어요. 가래떡을 반 갈라 넣으면 양념이 잘 묻어납니다.

가래떡 15cm 3줄, 양파 1/2개, 갈색물엿 1큰술
채수 물 3과1/2컵, 무 1cm 두께 1토막, 양파 · 당근 1/4개씩,
다시마 5×5cm 2장, 건고추 1개
양념 고춧가루 3큰술, 찐 고구마 1과1/2큰술(30g), 갈색물엿 2큰술,
흑설탕 · 쯔유 · 다진 마늘 1큰술씩, 국간장 1작은술, 후춧가루 약간

1. 고구마를 찜솥에 찐 뒤 으깨어 양념 재료와 섞어 양념장을 만든다.
2. 양파를 적당히 잘라 믹서에 갈아 ❶과 섞어 냉장실에서 하루 숙성시킨다.
3. 채수용 무, 양파, 당근은 채 썬다. 냄비에 모든 재료를 넣고 끓이다 다시마를 건져내고 중약 불로 줄여 10분 더 끓인다.
4. 가래떡은 세로로 반 갈라 끓는 물에 데쳐 찬물에 헹군다.
5. 냄비에 채수 2와1/2컵, 양념장, 데친 반 가래떡, 갈색물엿을 넣어 끓여낸다.

COOKING TIP

**간 양파가 고춧가루의
풋냄새를 잡아**

고추장 양념에 양파를 갈아 넣고 하루 동안 숙성시키면 고춧가루의 날 냄새가 사라져요. 오래 끓일수록 단맛이 진해지면서 양념의 풍미를 더해줍니다.

28

국물떡볶이

숟가락으로 먹어야 제맛을 느낄 수 있는 국물떡볶이는 멸치육수를 진하게 내어 양념하는 것이 포인트입니다. 국물이 많아 튀김을 넣어 먹어도 맛있고, 해장용으로도 좋지요.

밀떡 200g, 양배추 3장(120g), 사각어묵 1장, 대파 20cm
멸치육수 물 5컵, 국물용 멸치 2컵, 무 2cm 두께 1토막, 양파 · 당근 1/3개씩, 다시마 5×5cm 2장, 건고추 1개, 청주 1작은술
양념 고춧가루 2큰술, 고추장 · 설탕 · 올리고당 · 쯔유 1큰술씩, 다진 마늘 1/2큰술, 국간장 1작은술, 후춧가루 약간

1. 육수용 멸치는 볶고 무, 양파, 당근은 1cm 두께로 잘라 냄비에 모든 재료를 넣어 끓인다. 부르르 끓으면 다시마는 건져내고 중약 불에서 10~15분 더 끓인다.
2. 양념 재료를 모두 섞어 양념장을 만든 뒤 1시간 이상 숙성시킨다.
3. 양배추와 사각어묵은 길이 5cm 폭 1cm로 썰고, 대파는 0.5cm 폭으로 어슷 썬다.
4. 밀떡은 끓는 물에 30초간 데쳐 찬물에 씻어 체에 밭친다.
5. 냄비에 멸치육수 4컵과 양념을 풀어 센 불에서 끓어오르면 데친 밀떡을 넣는다.
6. ⑤에 양배추, 사각어묵을 넣어 끓이다 대파를 더해 완성한다.

COOKING TIP

밀떡은 끓는 물에 살짝 데쳐 넣어야

밀떡을 끓는 물에 살짝 데치면 밀가루 떡 특유의 냄새가 사라져요. 끓는 물에 전분도 씻겨져 떡볶이 국물 맛이 깔끔해지죠. 떡이 말랑하다면 물에 한 번 씻어 넣어도 되어요.

뚝배기떡볶이

떡볶이를 뚝배기에 끓이면 쫄면, 어묵 등의 부재료에 간이 잘 배지요.
모짜렐라치즈의 고소한 풍미가 맛을 한층 높여줍니다. 다 먹을 때까지
뜨거운 떡볶이의 맛을 즐길 수 있어요.

밀떡 200g, 쫄면 50g, 사각어묵 1장, 모짜렐라치즈 1/2컵
황태육수 물 5컵, 황태채 2컵, 무 2cm 두께 1토막, 양파·당근 1/3개씩,
다시마 5×5cm 2장, 건고추 1개, 청주 1작은술
양념 고춧가루 2큰술, 고추장·설탕·물엿 1큰술씩, 쯔유 2/3큰술,
다진 마늘 1/2큰술, 참치액젓 1작은술, 후춧가루 약간

1. 육수용 양파와 당근은 얇게 슬라이스하고, 건고추는 1/2 크기로
자른다. 냄비에 모든 재료를 넣고 끓이다 다시마는 건져내고
중약 불에서 10~15분 더 끓인다.
2. 볼에 황태육수 1컵과 양념 재료를 섞어 양념장을 만든 뒤
냉장실에서 하루 숙성시킨다.
3. 쫄면은 손으로 가닥가닥 떼고, 사각어묵은 먹기 좋은 크기로 썬다.
4. 뚝배기에 남은 황태육수와 양념장, 밀떡, 쫄면, 사각어묵을 넣어
끓인다.
5. 밀떡과 쫄면이 익을 때까지 한소끔 끓이다 모짜렐라치즈를 뿌려
완성한다.

COOKING
TIP

**양념은 숙성시킬수록
풍미도 깊어져**

황태육수 양념장을 만들어 숙
성시키면 깊은 장맛의 떡볶이
를 만들 수 있어요. 바로 만든
양념장과 숙성시킨 양념장의
맛의 차이는 아주 큽니다. 황태
대신 멸치를 이용해도 좋아요.

기름떡볶이

떡볶이 떡을 육수나 물에 끓이지 않고 기름에 볶아낸 떡볶이입니다. 강한 양념 사이로 느껴지는 꼬들꼬들한 떡의 식감이 색다르지요. 떡을 미리 양념에 재우는 게 핵심 비결입니다.

얇은 쌀떡 200g, 식용유 1큰술
양념 고운 고춧가루 · 간장 1큰술씩, 설탕 1과1/3큰술,
굵은 고춧가루 · 다진 마늘 · 다진 파 1/2큰술씩, 참기름 1/2작은술,
후춧가루 약간

1. 얇은 쌀떡은 끓는 물에 30초간 데쳐 찬물에 헹구어 체에 밭친다.
2. 볼에 양념 재료를 모두 섞어 양념장을 완성한다.
3. 완성된 양념장에 미리 데친 얇은 쌀떡을 넣어 10~20분 버무려 재운다.
4. 약한 불에서 달군 팬에 식용유를 둘러 ❸를 볶아 완성한다.

COOKING TIP

떡은 양념에
미리 재웠다 사용

국물 없이 떡에 간을 맞추려면 마치 고기를 재우듯 떡을 양념에 재웠다 사용해야 합니다. 적어도 5분 이상 양념에 재웠다가 조리해야 간이 잘 배어요.

무떡볶이

물을 한 방울도 넣지 않고 무만 넣어 만든 떡볶이입니다. 무를 양념에
버무려 30분 정도 재우면 물이 생기는데, 약한 불에서 은근히 끓이면
수분이 날아가면서 무가 꼬들꼬들해져요. 양념에 멸치가루를 넣어
감칠맛을 더합니다.

가래떡 15cm 3줄, 무 1/4개(300g), 대파 흰 부분 10cm, 취향에 따라 어묵 약간
양념 고춧가루 · 갈색물엿 3큰술씩, 고추장 · 멸치가루 · 쯔유 · 다진 마늘 1큰술씩, 후춧가루 약간

1. 볼에 양념 재료를 모두 섞어 양념장을 만든 뒤 냉장실에서 하루 숙성시킨다.
2. 무는 0.5cm 두께로 채 썰고, 대파도 2cm 길이로 자른다. 어묵도 먹기 좋게 자른다.
3. 냄비에 무채와 하루 숙성시킨 양념장을 버무려 30분 정도 재운다.
4. ❸의 냄비를 약한 불에 올려 무에서 나온 수분이 사라질 때까지 졸인다.
5. 가래떡은 세로로 반 갈라 끓는 물에 데쳐 찬물에 헹구고, 어묵은 살짝 데친다.
6. ❹의 무가 꼬들꼬들해지면 데친 반 가래떡과 대파, 어묵을 넣고 끓여 완성한다.

튀김떡볶이

튀김을 튀긴 후 남은 튀김가루를 떡볶이 위에 올렸어요. 바삭한 튀김가루는 집에서도 간단하게 만들 수 있답니다.

두꺼운 쌀떡 200g, 사각어묵 1장, 대파 흰 부분 10cm, 식용유 2컵
멸치육수 물 4컵, 국물용 멸치 2컵, 무 2cm 두께 1토막, 양파·당근 1/3개씩,
다시마 5×5cm 2장, 건고추 1개, 청주 1작은술
양념 고추장·물엿 2큰술씩, 고춧가루·설탕 1큰술씩, 국간장·쯔유·
다진 마늘 1/2큰술씩
튀김반죽 튀김가루 1/2컵, 물 1/3컵

1. 육수용 멸치는 볶고 무, 양파, 당근은 1cm 두께로 자른다. 냄비에
   모든 재료를 함께 끓이다 다시마는 건져내고 중약 불에서 10~15분
   더 끓인다.
2. 사각어묵은 반 잘라 1cm 두께로 자르고, 대파는 송송 썬다.
3. 양념장을 만들고, 튀김반죽도 만들어 냉장실에 넣는다.
4. 냄비에 멸치육수 3컵, 양념장, 두꺼운 쌀떡을 넣고 끓어오르면
   사각어묵과 대파를 더해 끓인다.
5. 튀김 팬에 식용유를 붓고 170℃ 달궈 튀김반죽을 손으로 뿌려
   튀김가루를 만들어 ❹에 얹어낸다.

COOKING TIP

**튀김반죽은 손으로
조금씩 뿌려 넣어야**

달군 기름에 튀김반죽을 넣을
때 한꺼번에 많은 양을 넣지
마세요. 순간 기름의 온도가 떨
어져 눅눅한 튀김가루가 만들
어질 수 있어요.

하얀떡볶이

설탕, 물엿 대신 고구마와 당근으로 은근한 단맛을 낸 떡볶이입니다. 연한 색과 달리 청양고추 삶은 물을 넣어 뒷맛이 매콤하게 올라오지요.

밀떡 200g, 고구마 · 당근 1/3개씩, 청양고추 2개, 사각어묵 1장
멸치육수 물 4컵, 국물용 멸치 2컵, 다시마 5×5cm 2장, 무 2cm 두께 1토막, 양파 · 당근 1/3개씩, 건고추 1개, 청주 1작은술
양념 쯔유 1큰술, 다진 마늘 1/2큰술, 고추장 · 국간장 · 물엿 또는 올리고당 1작은술씩, 고춧가루 1/2작은술, 청양고추 끓인 물 1/4컵

1. 고구마와 당근은 깍뚝 썰어 냄비에 물 3컵을 부어 삶아 으깨고, 삶은 물은 버리지 말고 따로 모아둔다.
2. 고구마, 당근 삶은 물에 청양고추를 반 갈라 넣고 10분 정도 끓여 체에 걸러 삶은 물을 받는다.
3. 볼에 ②와 으깬 고구마, 당근, 양념 재료를 모두 섞어 양념장을 만든 뒤 냉장실에서 하루 숙성시킨다.
4. 멸치는 볶고 채소는 잘라 멸치육수를 끓여 준비한다.
5. 사각어묵은 반 갈라 1cm 두께로 자른다.
6. 냄비에 멸치육수 4컵, 양념장, 밀떡, 사각어묵을 넣어 끓인다.

COOKING TIP

**으깬 고구마와 당근이
매운맛을 중화시켜**

고추장 양념장에 으깬 고구마와 당근을 넣으면 채소 본연의 단맛으로 매운맛이 중화되지요. 고구마와 당근 삶은 물에 청양고추를 넣어 끓이면 부드러운 매운맛이 납니다.

즉석짜장떡볶이

크림전골떡볶이

즉석해물떡볶이

즉석해물 떡볶이

풍성하게 들어간 콩나물과 해산물로 마치 해물탕을 연상시키는 떡볶이이지요. 새우가루를 넣어 진한 해물맛이 느껴집니다. 5분 끓이면 연한 해물탕 맛이, 10분 끓이면 자박한 해물찜 맛이 납니다.

밀떡 200g, 콩나물 1봉지(250g), 대파 흰 부분 10cm, 모둠해물 2/3컵, 오징어 1/5마리, 보리새우 · 바지락 1/3컵씩, 오만둥이 1/4컵
보리새우육수 물 3컵, 보리새우 1컵, 무 2cm 두께 1토막, 양파 · 당근 1/3개씩, 다시마 5×5cm 2장, 건고추 1개, 청주 1작은술
양념 고춧가루 3큰술, 육수 2큰술, 새우가루 · 쯔유 · 갈색물엿 1큰술씩, 간장 2/3큰술, 설탕 · 맛술 · 다진 마늘 1/2큰술씩, 참치액젓 1작은술

1. 재료를 섞어 양념장을 만들어 냉장고에서 하루 숙성시킨다.
2. 육수용 보리새우는 체에 밭쳐 불순물을 제거하고 무, 양파, 당근은 0.5cm 두께로 썬다. 냄비에 모든 재료를 함께 끓이다 다시마를 건져내고 중약 불에서 10~15분 더 끓인다.
3. 콩나물은 다듬고 대파는 어슷 썬다.
4. 오징어는 내장을 빼고 먹기 좋은 크기로 썬다. 바지락, 오만둥이는 비벼가며 깨끗이 씻는다.
5. 냄비에 콩나물을 깔고 각종 해물과 밀떡, 보리새우 1/3컵, 대파를 올린 후 양념장과 보리새우육수 2컵을 부어 끓여가며 먹는다.

COOKING TIP

콩나물은 냄비 바닥에 깔아야

냄비 바닥에 콩나물부터 깔고 해산물을 하나씩 올려 끓여야 해산물의 식감이 질겨지지 않아요. 콩나물 대신 숙주를 넣어도 국물 맛이 시원합니다.

즉석짜짱 떡볶이

짜장과 고추장, 고춧가루 양념의 매콤한 뒷맛이 일품입니다. 양배추가 많이 들어가 입안에서 매운맛을 덜어주지요. 짭조름한 짜장 맛에 아이들이 유독 좋아하는 떡볶이예요.

밀떡 200g, 양배추 3장(120g), 양파 1/4개, 대파 흰 부분10cm, 사각어묵 1장, 라면사리 1/2개
채수 물 3컵, 무 1cm 두께 1토막, 양파·당근 1/4개씩, 다시마 5×5cm 2장, 건고추 1개
양념 짜장가루 2와1/2큰술, 고추장 1큰술, 고춧가루·다진 마늘 1/2큰술씩, 굴소스 1작은술

1. 채수용 무, 양파, 당근은 채 썰어 냄비에 모든 재료를 함께 끓이다 다시마를 건져내고 중약 불에서 10분 더 끓인다.
2. 볼에 채수 2와1/2컵을 붓고 양념 재료를 고루 섞는다.
3. 양배추와 양파는 길이 5cm 두께 1cm로 썰고, 대파는 송송 썰어 준비한다. 사각어묵은 반을 잘라 2cm 두께로 썬다.
4. 냄비에 ❷를 붓고 밀떡과 양배추, 양파, 대파, 사각어묵, 라면사리를 올려 끓인다. 한소끔 끓으면 중약 불에서 끓여가며 먹는다.

COOKING TIP

한소끔 끓으면 다시마는 꺼내야

다시마로 국물을 낼 때에는 찬 물에 다시마를 넣고 30분 정도 담갔다가 끓여주세요. 다시마를 넣고 부르르 끓기 시작하면 건져내고 더 끓여야 깔끔한 국물을 낼 수 있어요.

크림전골떡볶이

크림소스와 우유를 넣어 마치 전골처럼 끓여 먹는 떡볶이입니다. 베이컨, 쫄면,
삶은 달걀, 브로콜리 등 여러 가지 재료의 조화로 마치 크림파스타를 먹는
듯하지요. 생크림과 체다치즈를 녹여 만든 크림소스를 따로 만들어
함께 끓여내는 게 포인트입니다.

밀떡 200g, 쫄면 한줌(50g), 양배추 2장(80g), 브로콜리 1/4개, 대파 흰 부분 10cm,
삶은 달걀 2개, 베이컨 3장
소스 생크림 · 우유 2컵씩, 흰색 체다치즈 2장, 다진 양파 2큰술, 다진 마늘 · 올리브유 1/2큰술씩,
파슬리가루 · 소금 1/2작은술씩, 후춧가루 1/4작은술

1. 브로콜리는 먹기 좋은 크기로 썰어 끓는 물에 30초 정도 데친 후 찬물에 헹군다.
2. 쫄면은 손으로 가닥가닥 떼고, 양배추는 채 썰고, 대파는 반 갈라 5cm 길이로 썬다.
3. 팬에 올리브유를 두른 후 다진 양파와 다진 마늘을 노릇하게 볶는다.
4. ❸에 우유를 제외한 나머지 양념을 모두 넣고 졸인다.
5. 냄비에 밀떡, 쫄면, 양배추, 브로콜리, 대파, 삶은 달걀, 베이컨과 우유를 부어 끓인다.
6. 한소끔 끓기 시작하면 ❹의 크림소스를 부어 끓여가며 먹는다.

PART 1

고추장떡볶이

떡볶이의 대표주자는 역시 매콤한 고추장떡볶이이지요.
고추장과 고춧가루의 비율에 따라 그 맛도 천차만별입니다.
달콤하면서 진한 맛을 원한다면 고추장과 고춧가루의 비율을
2:1로 잡고, 깔끔한 맛을 원한다면 동량으로 잡으세요.
양념이 완성되면 냉장실에 넣어 숙성시켜주세요.

BASIC

- 통오징어국물떡볶이
- 고추장토마토홍합떡볶이
- 해물떡찜떡볶이
- 고추장현미튀밥떡볶이
- 얼큰어묵꼬치떡볶이
- 차돌박이떡볶이
- 마파두부떡볶이
- 돼지고기볶음짬뽕떡볶이
- 돈가스국물떡볶이

PLUS+

+ 우유 우유체다치즈떡볶이
+ 짜장가루 매운 짜장떡볶이
+ 플레인요구르트 떠먹는 치즈떡볶이
+ 카레가루 목살고추장카레떡볶이
+ 케첩 새콤매콤케첩떡볶이
TIP1 고추장떡볶이 양념에 밥 볶기
TIP2 고추장떡볶이에 어울리는 즉석 주먹밥

고추장토마토홍합떡볶이

해물떡찜떡볶이

통오징어국물떡볶이

통오징어국물떡볶이 BASIC

오래 끓이면 질겨지고 향도 덜해지는 해물들과 달리 오징어는 끓일수록
더 진한 맛을 내지요. 오징어를 통으로 넣어 떡볶이를 만들어보았습니다.
진한 국물에 쫄깃한 오징어, 토핑한 파채의 향이 더해지니 특별한
맛입니다.

얇은 쌀떡 200g, 오징어 1마리, 양배추 2장(80g), 청고추·홍고추 1/2개씩, 파채 1컵
멸치보리새우육수 물 4컵, 국물용 멸치 1컵, 보리새우 1/2컵, 무 2cm 두께 1토막,
양파 1/4개, 당근 1/5개, 다시마 5×5cm 1장, 건고추 1개, 청주 1작은술
양념 고춧가루 2큰술, 고추장 1과1/2큰술, 설탕·맛술 1큰술씩, 국간장·쯔유·올리고당 1/2큰술씩,
새우가루·다진 마늘 1작은술씩

1. 육수용 멸치는 볶고 무, 양파, 당근은 1cm 두께로 잘라 냄비에 남은 재료와 함께 끓인다.
부르르 끓으면 다시마는 건지고 중약 불에서 10~15분 더 끓여 육수를 만든다.
2. 볼에 양념 재료를 모두 섞어 양념장을 만든 뒤 1시간 정도 숙성시킨다.
3. 오징어는 몸통에 붙은 뼈를 제거하고 다리에 붙은 내장도 제거한다. 다리는 밀가루에 비벼
불순물을 제거한다.
4. 양배추는 1cm 두께로 자르고, 청·홍고추는 송송 썬다. 얇은 쌀떡은 끓는 물에 30초만
데쳤다가 찬물에 헹구어 체에 받친다.
5. 냄비에 멸치보리새우육수 3컵과 ❷의 양념장을 넣고 부르르 끓으면 데친 얇은 쌀떡과 양배추,
청·홍고추를 넣어 끓인다.
6. 한소끔 끓으면 통오징어와 오징어다리를 넣어 끓인다. 그 위에 파채를 올려 완성한다.

고추장토마토
홍합떡볶이 BASIC

떡볶이를 색다르게 즐기고 싶다면 홍합, 토마토, 누들떡을
준비하세요. 홍합에서 나오는 시원한 국물과 토마토의 새콤함이
누들떡과 어우러져 별미입니다.

누들떡 200g, 홍합 300g, 토마토 1개, 양파 1/4개, 쪽파 2줄기,
올리브유 1/2큰술, 다진 마늘 · 청주 1작은술씩
채수 물 2컵, 무 1cm 두께 1토막, 양파 · 당근 1/4개씩, 다시마 5×5cm 1장
양념 고추장 · 고춧가루 · 국간장 · 설탕 1큰술씩

1. 냄비에 채수 재료를 넣어 끓이다 한소끔 끓으면 다시마를 건지고
중약 불에서 10분 더 끓인다.

2. 볼에 양념 재료를 모두 섞어 양념장을 준비한다.

3. 누들떡은 끓는 물에서 30초만 데쳤다가 찬물에 헹구어 체에 밭치고,
홍합은 손으로 수염을 떼어 씻는다.

4. 토마토는 사방 2cm로 자르고, 양파는 굵게 다지고, 쪽파는 송송 썬다.

5. 냄비에 올리브유를 둘러 굵게 다진 양파, 다진 마늘을 볶다가 홍합과
청주를 넣고 홍합 입이 벌어질 때까지 볶는다.

6. ⑤에 채수 1과1/2컵, 양념장, 데친 누들떡, 토마토를 넣어 끓인다.
마지막에 송송 썬 쪽파를 올린다.

**홍합은 청주를 더해
볶아야 비린내가 사라져**

해물요리를 할 때 청주 등 술
을 넣으면 알코올이 날아가면
서 재료 특유의 비린내를 잡아
줍니다. 화이트와인이나 먹다
남은 소주로 대신해도 좋아요.

해물떡찜 떡볶이 BASIC

해물의 진한 맛과 매콤한 고추장, 쫄깃한 떡이 어우러진 메뉴입니다.
통통한 찜용 콩나물을 넣으면 아삭한 식감이 더욱 살아나지요. 입맛에 따라
매운맛을 조절하세요.

얇은 쌀떡 200g, 모둠해물 2컵, 찜용 콩나물 1봉지(250g), 양파 1/4개,
청양고추 1개, 대파 흰 부분 20cm, 다진 마늘 1작은술, 식용유 1큰술
양념 고추장 1/2큰술, 고춧가루 4큰술, 올리고당 2큰술, 새우가루 · 굴소스 ·
맛술 · 다진 마늘 1큰술씩, 참치액젓 또는 멸치액젓 · 간장 1/2큰술씩,
다진 생강 · 고추기름 1작은술씩
콩나물 삶을 물 물 3컵, 소금 1/3작은술
녹말물 녹말가루 1/2큰술, 물 1큰술

1. 볼에 양념 재료를 모두 섞어 양념장을 만든 뒤 1시간 이상 숙성시킨다.
2. 냄비에 물과 소금을 넣고 콩나물을 삶아 삶은 물을 따로 둔다.
3. 양파는 1cm 두께로 썰고, 청양고추와 대파는 0.5cm 두께로 어슷
썬다. 얇은 쌀떡은 끓는 물에 30초간 데쳤다 찬물에 헹구어 체에 받친다.
4. 식용유를 두른 팬에 청양고추와 다진 마늘을 볶다가 모둠해물을 더해
볶는다. 콩나물 삶은 물 1컵, 양념장, 데친 얇은 쌀떡, 양파를 넣어 끓인다.
5. 한소끔 끓으면 삶은 콩나물과 어슷 썬 대파를 넣고 버무려 볶다가
녹말물로 농도를 맞춘다.

COOKING TIP

육수 대신 콩나물 삶은 물을 활용

따로 준비된 육수가 없을 때는
콩나물 삶은 물을 사용하세요.
국물을 시원하게 해줍니다. 콩
나물은 살짝만 익혔다 넣어야
떡볶이에 넣었을 때 아삭한 식
감이 살아 있어요.

고추장현미튀밥
떡볶이 BASIC

국물이 있는 얼큰한 떡볶이 위에 바삭한 현미튀밥을 뿌렸어요.
마치 우유에 시리얼을 뿌려 먹는 듯해요.

구슬떡 200g, 현미튀밥 1컵, 양파 1/4개, 대파 흰 부분 10cm, 식혜 1캔
멸치육수 물 2컵, 국물용 멸치 1컵, 무 1cm 두께 1토막, 양파 1/5개,
당근 1/6개, 다시마 5×5cm 1장, 건고추 1개, 청주 1작은술
양념 고추장 2큰술, 고춧가루 · 국간장 · 갈색물엿 1큰술씩,
참치액젓 1/2큰술, 다진 마늘 1작은술, 후춧가루 약간

1. 육수용 멸치는 내장을 빼고 볶고 무, 양파, 당근은 1cm 두께로 자른다.
냄비에 모든 재료를 함께 끓이다 다시마는 건져내고 중약 불에서
10~15분 더 끓인다.
2. 볼에 양념 재료를 모두 섞어 양념장을 만든다.
3. 구슬떡은 끓는 물에 30초간 데쳐서 찬물에 헹구어 체에 밭치고,
양파와 대파는 각각 1cm 두께로 썬다.
4. 냄비에 멸치육수 1컵, 식혜 1캔, 양념장을 넣어 부르르 끓으면 데친
구슬떡, 양파, 대파를 넣어 끓인다.
5. 그릇에 떡볶이를 담은 후 현미튀밥을 위에 뿌려 완성한다.

COOKING TIP

식혜로
은은한 단맛 내기

맛있는 떡볶이를 간단하게 만
들고 싶다면 식혜를 응용해보
세요. 식혜는 계속 끓이면 조청
이 되는데, 양념에 식혜를 넣으
면 너무 달지 않으면서도 은은
한 단맛을 낼 수 있습니다.

얼큰어묵꼬치 떡볶이 BASIC

꼬치에 떡과 오뎅을 꽂아 국물에 함께내는 떡볶이입니다.
멸치육수에 고추장과 고춧가루를 푼 얼큰한 국물도 함께 즐기세요.

한입쌀떡 150g, 대파 흰 부분 10cm, 사각어묵 4장
멸치육수 물 6컵, 국물용 멸치 2컵, 무 2cm 두께 1토막, 양파 · 당근 1/3개씩,
청양고추 1개, 다시마 5×5cm 2장, 청주 1작은술
육수 양념 고추장 · 국간장 1큰술씩, 쯔유 · 고춧가루 1/2큰술씩,
참치액젓 1작은술

1. 육수용 멸치는 내장을 빼고 볶고 무, 양파, 당근, 청양고추는 1cm
두께로 자른다. 냄비에 모든 재료를 함께 끓이다 다시마는 건져내고
중약 불에서 10~15분 더 끓인다.
2. 한입쌀떡은 끓는 물에 30초 정도 데쳐 준비하고, 대파는 1cm 두께로
어슷 썬다.
3. 사각어묵은 두 번 접어 꼬치에 사각어묵 → 한입쌀떡 → 사각어묵
→ 한입쌀떡 순으로 꽂아 준비한다.
4. 냄비에 멸치육수와 육수 양념을 넣어 부르르 끓으면 ❸의 꼬치를
넣고 끓인다.
5. 한소끔 끓으면 어슷 썬 대파를 넣어 완성한다.

COOKING TIP

육수는 양념해 팔팔 끓여야 색이 맑아

양념한 육수를 꼭 팔팔 끓인
후에 어묵, 떡꼬치를 넣어 끓이
세요. 끓지 않는 육수에 어묵
떡꼬치를 넣으면 끓으면서 색
이 탁해지고 어묵도 금세 불어
맛이 없어집니다.

차돌박이떡볶이

돼지고기볶음
짬뽕떡볶이

돈가스국물
떡볶이

차돌박이떡볶이
BASIC

차돌박이, 양배추, 긴 밀떡, 메추리알을 함께 끓여 먹는
즉석떡볶이입니다. 차돌박이를 팬에 한 번 구워 넣어 맛이
깔끔하지요. 긴 밀떡을 잘라 먹는 재미도 쏠쏠해요.

긴 밀떡 200g, 차돌박이 300g, 양배추 2장(80g), 대파 흰 부분 10cm,
삶은 메추리알 2개, 후춧가루 약간
멸치보리새우육수 물 4컵, 국물용 멸치 1컵, 보리새우 1/2컵, 무 2cm 두께
1토막, 양파 1/4개, 당근 1/5개, 다시마 5×5cm 1장, 건고추 1개, 청주 1작은술
양념 고춧가루 2큰술, 고추장 · 설탕 · 올리고당 · 맛술 1큰술씩,
간장 · 참치액젓 1/2큰술, 다진 마늘 · 새우가루 1작은술씩

1. 육수용 멸치는 내장을 빼서 볶고 무, 양파, 당근은 1cm 두께로 썬다.
   냄비에 육수 재료를 함께 끓이다 다시마는 건져내고 중약 불에서
   10~15분 더 끓인다.
2. 볼에 양념 재료를 모두 섞어 양념장을 만든 뒤 1시간 이상 숙성시킨다.
3. 양배추는 두께 1cm 길이 5cm로 썰고 대파는 0.5cm 두께로 어슷 썬다.
   차돌박이는 달군 팬에 후춧가루를 뿌려 굽는다.
4. 냄비에 멸치보리새우육수 3컵과 양념장, 양배추를 넣고 부르르 끓으면
   긴 밀떡을 넣어 끓인다.
5. ❹에 구운 차돌박이와 대파, 삶은 메추리알을 올려 끓여가며 먹는다.

COOKING
TIP

**차돌박이는 후춧가루를
뿌려가며 구워야**

차돌박이를 구울 때 후춧가루
를 약간 뿌리면 고기의 잡냄새
도 없애고 불 맛을 더해주지요.
깔끔한 맛과 깊은 맛, 두 가지
효과를 낼 수 있어요.

마파두부떡볶이
BASIC

두부와 떡을 넣어 한 끼 식사로도 손색 없는 떡볶이입니다.
수저로 한입씩 떠먹으면 두부, 떡, 채소가 입안에서 조화를
이루지요. 건강한 떡볶이 메뉴로 추천드려요.

조랭이떡 200g, 두부 1/2모, 양파 1/4개, 대파 흰 부분 10cm,
청고추 · 홍고추 1개씩, 다진 마늘 1작은술, 식용유 1/2큰술
채수 물 2컵, 무 1cm 두께 1토막, 양파 · 당근 1/4개씩, 다시마 5×5cm 2장
양념 고추장 · 쯔유 · 물엿 1큰술씩, 다진 마늘 1/3큰술, 고추기름 1작은술,
된장 1/2작은술, 굴소스 1작은술, 후춧가루 약간
녹말물 녹말가루 1작은술, 물 1큰술

1. 채수용 무, 양파, 당근은 채 썰어 냄비에 물을 붓고 끓인다. 한소끔
   끓으면 다시마를 빼고 중약 불로 줄여 10분간 더 끓인다.
2. 볼에 양념 재료를 모두 넣고 섞어 양념장을 준비한다.
3. 두부는 사방 1.5cm로 썰고 양파, 대파, 청 · 홍고추는 굵게 다진다.
4. 조랭이떡은 끓는 물에 30초간 데쳐 찬물에 헹구어 체에 밭친다.
5. 팬에 식용유를 두른 후 다진 양파와 대파, 마늘을 볶는다.
6. ⑤에 채수 1컵, 양념장, 데친 조랭이떡, 다진 청 · 홍고추를 넣어
   볶다가 두부를 넣어 끓인다. 마지막에 녹말물로 농도를 맞춘다.

<bl...

COOKING TIP

양념장 넣기 전에
채수부터 끓여야

떡볶이 국물은 다진 마늘과 다
진 파, 다진 양파를 넣어 볶다
가 먼저 채수를 부어 끓인 후
에 양념장을 더해주세요. 채소
의 깊은 맛이 채수와 어우러져
야 맛이 나요.

돼지고기볶음짬뽕떡볶이 BASIC

볶은 짬뽕처럼 여러 채소와 떡을 넣어 매콤하게 볶아낸 떡볶이예요.
면 대신 떡을 넣은 국물 없는 짬뽕이지요. 아삭한 채소의 식감과
고기의 씹히는 맛이 훌륭해요. 스트레스를 날려버리고 싶다면
돼지고기볶음짬뽕떡볶이에 도전해보세요.

밀떡 200g, 돼지고기채 150g, 양배추 3장(120g), 양파 1/4개, 당근 1/5개, 청양고추 1개,
고춧가루 · 다진 파 1큰술씩, 다진 마늘 1/2큰술, 간장 1/2작은술, 식용유 1과1/2큰술
양념 고추장 · 굴소스 1큰술씩, 쯔유 2/3큰술, 물엿 · 고추기름 · 맛술 1/2큰술씩,
후춧가루 약간, 물 2큰술
돼지고기채 양념 다진 마늘 1/2작은술, 간장 · 설탕 · 맛술 1/3작은술씩, 후춧가루 약간

1. 돼지고기채 양념 재료를 섞어 돼지고기채를 넣고 재운다.
2. 양배추와 양파, 당근은 1cm 두께로 채 썰고, 청양고추는 송송 썬다.
3. 볼에 양념 재료를 모두 섞어 양념장을 만든다.
4. 밀떡은 끓는 물에 30초간 데쳤다가 찬물에 헹구어 체에 밭친다.
5. 달군 팬에 식용유를 둘러 다진 파와 마늘을 볶다가 간장 1/2작은술을 더해 볶는다.
6. ⑤에 양념에 재운 돼지고기채를 넣고 볶다가 채 썬 양배추와 양파, 당근, 송송 썬
청양고추, 고춧가루 1큰술을 넣어 볶는다.
7. ⑥에 양념장과 데친 밀떡을 더해 볶아서 떡볶이를 완성한다.

돈까스국물떡볶이

BASIC

얼큰한 국물과 바삭한 돈가스, 아삭한 콩나물, 향긋한 깻잎…
모든 게 한 그릇에 있습니다. 매콤한 떡볶이 국물에
흠뻑 적셔 먹는 돈가스의 맛을 경험해보세요.

치즈떡 200g, 돈가스용 고기 1장, 양배추 · 깻잎 2장씩, 콩나물 2컵,
달걀물 1개분, 빵가루 1/2컵, 밀가루 1/4컵, 식용유 3컵
멸치육수 물 4컵, 국물용 멸치 1컵, 무 1cm 두께 1토막, 양파 1/4개,
당근 1/5개, 다시마 5×5cm 1장, 건고추 1개, 청주 1작은술
양념 고춧가루 · 올리고당 2큰술씩, 고추장 · 쯔유 · 설탕 1큰술씩, 국간장 ·
다진 마늘 1/2큰술씩, 후춧가루 약간
돈가스 고기 양념 다진 마늘 · 맛술 1/2작은술씩, 후춧가루 약간

1. 육수를 끓이다가 다시마는 건져 중약 불에서 10~15분 더 끓인다.
2. 분량의 재료를 섞어 양념장을 만들고, 치즈떡은 찬물에 담근다.
3. 양배추, 깻잎은 0.5cm 두께로 채 썰고, 콩나물은 끓는 물에 삶아
   찬물에 헹구어 체에 밭친다.
4. 돈가스용 고기는 양념에 재웠다가 밀가루 → 달걀물 → 빵가루 순으로
   묻혀 170℃로 달궈진 식용유에 튀겨낸다.
5. 그릇에 멸치육수 3컵과 양념장을 넣고 한소끔 끓이다 양배추,
   데친 치즈떡, 삶은 콩나물을 순서대로 넣고 한 번 더 끓인다.
6. 그릇에 ⑤를 담고 튀긴 돈가스와 채 썬 깻잎을 올려 완성한다.

COOKING TIP

치즈떡은
찬물에 담갔다 사용

치즈떡은 끓는 물에 말랑하게
데치면 떡 안의 치즈가 흘러나
올 수도 있어 찬물에만 헹구어
사용해요. 찬물에 헹구기만 해
도 떡에 묻어 있는 기름기와
전분이 제거되지요.

고추장날치알볶음밥

떡볶이를 다 먹었다면? 밥을 볶아 먹을 차례입니다.
칼칼하면서도 매콤한 양념이 볶음밥 양념으로 안성맞춤이지요.
약간의 날치알, 옥수수를 넣고 볶으면 매운맛을 덜고 식감을
높여줘요. 남은 양념이 짜다면 다진 양파와 옥수수의 양을
늘리고 김가루의 양은 줄여주세요. 소시지, 다진 감자, 달걀,
베이컨 등을 넣어도 맛있어요.

밥 200g, 남은 고추장떡볶이 양념 1/3컵, 김가루 1/4컵, 옥수수 2큰술,
날치알·다진 양파 1큰술씩, 참기름 약간

1. 팬에 남은 고추장 양념과 밥을 고루 섞는다.
2. ❶에 옥수수, 날치알, 다진 양파를 한 번 더 볶는다.
3. 팬 바닥에 눌은밥이 생기면 참기름을 섞고 마무리로 김가루를
뿌려낸다.

고추장+

기본 고추장 양념에 한두 가지 가루나 소스를 더해도 색다른 떡볶이가 완성됩니다. 어느 집 냉장고에나 있을 법한 소스로 스페셜 메뉴에 도전해보세요. 고추장 플러스 떡볶이입니다.

+ 플레인요구르트
매콤하면서도 새콤한 끓일수록 부드럽고 깊은 맛을 내줍니다.
고추장에 바로 넣어도 잘 섞여요.

+ 짜장가루
달큰한 짜장가루는 고추장의 매콤한 맛과
잘 어울리지요. 물 2~3큰술에 섞어 넣으세요.

+ 우유
고추장의 매운맛은 중화되고 고소한 맛은
플러스되지요. 국물이 거의 없을 때까지 끓이면
더 진하고 고소해져요.

+ 치즈
고기의 잡냄새도 없애주어 맛이 깔끔해집니다.
떡볶이를 팔팔 끓여 식탁에 올리기 직전에
올려도 좋아요.

+ 케첩
새콤하고 달콤한 맛이 조화를 이루어 달달한
간장소스 맛이 나지요. 아이들 간식으로
떡꼬치를 만들어줄 때도 활용하기 좋아요.

우유체다치즈떡볶이

PLUS+우유

고추장떡볶이에 우유와 체다치즈를 더하면 매콤하면서도 고소한 떡볶이가 됩니다. 바삭하게 볶은 베이컨을 뿌려 더욱 맛나지요.

구멍떡 200g, 베이컨 3장, 파마산치즈 · 다진 양파 2큰술씩, 다진 마늘 1/2큰술, 올리브유 1큰술
우유고추장 양념 우유 1과1/2컵, 체다치즈 3장, 고추장 1큰술, 맛술 1작은술, 간장 1/2작은술, 소금 1/4작은술, 후춧가루 약간

**베이컨은 바삭하게
볶아야 맛도 담백해**

베이컨은 바삭하게 볶아야 기름이 빠져 그 맛이 담백해집니다. 올리브유를 더해 볶으면 베이컨 자체의 기름을 더 빨리 빠지지요. 볶은 후에는 키친타월에 올렸다가 사용하세요.

1. 구멍떡은 끓는 물에 30초간 데쳐 찬물에 헹구어 체에 밭친다.
2. 베이컨은 1cm 두께로 잘라 달군 팬에 올리브유 1/3큰술을 넣고 바삭하게 볶는다.
3. 볼에 우유와 체다치즈를 제외한 양념 재료를 섞어 양념장을 준비한다.
4. 팬에 올리브유 2/3큰술을 둘러 다진 양파, 다진 마늘을 색깔이 날 때까지 볶는다.
5. ❹에 갈색빛이 돌면 우유, 체다치즈, 양념장, 데친 구멍떡을 넣고 국물이 자작해질 때까지 끓인다.
6. 접시에 담고 그 위에 바삭하게 볶은 베이컨, 파마산치즈를 뿌려 완성한다.

매운 짜장떡볶이 PLUS+ 짜장가루

양념한 양지를 달달 볶아주세요. 여기에 채수와 양념을 더해 끓이면 진한
고기육수로 만든 떡볶이가 된답니다. 고추장에 짜장가루를 섞어 매콤함과
달콤한 맛이 함께 나지요. 양파, 애호박, 양배추 등 짜장면에 들어가는
채소까지 더하면 매콤짜장떡볶이가 완성됩니다.

밀떡 200g, 양지 150g, 양배추 2장(80g), 양파 1/4개, 애호박 1/5개, 식용유 1작은술
채수 물 3컵, 무 1cm 두께 1토막, 양파 · 당근 1/4개씩, 다시마 5×5cm 1장
짜장고추장 양념 짜장가루 2와1/2큰술, 고추장 1큰술, 고춧가루 · 다진 마늘 1/2큰술씩,
굴소스 1작은술, 물 2큰술
양지 양념 맛술 1/2작은술, 국간장 · 다진 마늘 1/3작은술씩, 후춧가루 약간

1. 채수용 무, 양파, 당근은 채 썰어 냄비에 물을 붓고 끓인다. 한소끔 끓으면 다시마를
   건져내고 중약 불로 줄여 10분간 더 끓인다.
2. 볼에 짜장고추장 양념 재료를 모두 섞어 양념장을 준비한다.
3. 양지 양념 재료를 한데 섞은 뒤 양지를 넣어 10분 정도 재운다.
4. 양배추와 양파, 애호박은 사방 1cm 크기로 자른다.
5. 냄비에 식용유를 두른 후 양념한 양지를 넣고 달달 볶는다.
6. ⑤에 채수 2컵, 짜장고추장 양념장, 밀떡, 양배추, 양파, 애호박을 넣고 끓여 완성한다.

떠먹는 치즈떡볶이

PLUS+ 플레인요구르트

고추장에 플레인요구르트를 더하면 이국적이면서도
부드러운 감칠맛이 나지요. 냉동고에 잘 얼려둔 떡국떡으로
치즈떡볶이를 만들었어요.

떡국떡 200g, 캔 옥수수 1/3컵, 모짜렐라치즈 1컵
멸치육수 물 3컵, 국물용 멸치 1컵, 무 1cm 두께 1토막, 양파 1/4개,
당근 1/5개, 다시마 5×5cm 1장, 건고추 1개, 청주 1작은술
요구르트고추장 양념 플레인요구르트 3큰술, 고추장 · 고춧가루 · 흑설탕 ·
맛술 1큰술씩, 갈색물엿 2큰술, 쯔유 · 다진 마늘 1/2큰술씩,
참치액젓 1작은술

1. 육수용 멸치는 내장을 빼고 볶고 무, 양파, 당근은 1cm 두께로 자른다.
냄비에 모든 재료를 함께 끓이다 다시마는 건져내고 중약 불에서
10~15분 더 끓인다.
2. 볼에 요구르트고추장 양념 재료를 모두 섞어 양념장을 준비한다.
3. 냄비에 멸치육수와 요구르트고추장 양념장을 넣고 부르르 끓어오르면
떡국떡을 넣고 국물이 자작해질 때까지 졸인다.
4. 국물이 자작해지면 옥수수를 더해 끓이다 모짜렐라치즈를 올리고
뚜껑을 덮는다.
5. 모짜렐라치즈가 녹으면 그릇에 덜어낸다.

COOKING TIP

육수와 양념장부터 끓이고 떡을 넣어야

떡볶이 국물은 자작해질 때까지 끓여야 떡에 양념이 잘 배여요. 육수와 양념장을 먼저 섞어 끓인 다음 떡을 넣어야 떡이 많이 붇지 않아요.

목살고추장카레떡볶이

PLUS+ 카레가루

은은한 카레향이 나는 떡볶이입니다. 카레가루가 돼지고기의 잡냄새를 잡아주지요. 얼큰한 카레가 땡기는 날 추천드려요.

한입쌀떡 200g, 목살 150g, 감자·애호박 1/2개씩, 식용유 1/2큰술
채수 물 2컵, 무 1cm 두께 1토막, 양파·당근 1/4개씩, 다시마 5×5cm 2장
카레고추장 양념 고추장 2큰술, 카레가루 1작은술, 고춧가루·갈색물엿·흑설탕 1큰술씩, 간장·다진 마늘 1/2큰술씩, 참치액젓 1작은술
목살 양념 맛술·다진 마늘 1작은술씩, 간장·올리고당 1/2작은술씩, 후춧가루 약간

1. 채수용 무, 양파, 당근은 채 썰어 냄비에 물을 붓고 끓인다. 한소끔 끓으면 다시마를 빼고 중약 불로 줄여 10분간 더 끓인다.
2. 카레고추장 양념장을 만들어 1시간 이상 숙성시키고, 목살도 먹기 좋은 크기로 썰어 목살 양념에 재운다.
3. 한입쌀떡은 끓는 물에 30초간 데쳐 물에 헹구어 체에 밭친다. 감자와 애호박은 떡 크기에 맞춰 썰어 반 정도만 익도록 삶는다.
4. 냄비에 식용유를 두른 후 양념한 목살을 넣어 볶다가 채수 1과1/2컵, 카레고추장 양념장, 데친 쌀떡, 감자, 애호박을 넣고 끓여 완성한다.

COOKING TIP

감자와 애호박은 미리 삶아 넣어야

애호박과 감자를 먹기 좋게 썰어 끓는 물에 미리 삶았다가 떡볶이에 넣으면 떡과 고기, 감자, 애호박의 익는 시간이 잘 맞아 떨어집니다. 식감을 높이는 방법이에요.

새콤매콤케찹떡볶이

PLUS+ 케찹

매콤, 달콤, 새콤 세 가지 맛이 나는 떡볶이입니다.
학교 앞 떡꼬치가 생각나는 메뉴이지요. 조랭이떡을 포크로
콕콕 찍어 먹는 재미가 있어요.

조랭이떡 200g, 브로콜리 1/3개, 아몬드 분태 · 다진 양파 2큰술씩,
다진 마늘 · 식용유 1작은술씩
케찹고추장 양념 고추장 · 맛술 1큰술씩, 케찹 · 올리고당 3큰술씩

1. 브로콜리는 먹기 좋은 크기로 잘라 끓는 물에 30초간 데쳐 건진다.
2. 조랭이떡은 끓는 물에 말랑하게 데쳐 찬물에 헹구어 체에 밭친다.
3. 달군 팬에 식용유를 둘러 데친 조랭이떡을 구워내듯 볶는다.
4. 약한 불로 달군 팬에 식용유를 둘러 다진 양파, 다진 마늘을 볶는다.
5. ❹의 다진 양파와 다진 마늘이 갈색빛이 되면 케찹고추장 양념
   재료를 모두 넣어 부르르 끓인다.
6. 한소끔 끓으면 ❸의 볶은 떡과 버무려 완성한다.

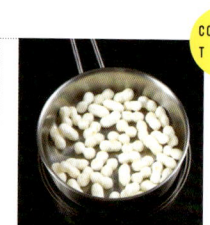

COOKING TIP

떡은 달군 팬에서
구워야 바삭해

떡을 구울 때는 달군 팬에 식
용유를 둘러 구워줘야 바삭한
식감을 맛볼 수 있어요. 식용유
는 팬을 코팅할 만큼만 넣어도
충분하지요. 식용유를 너무 많
이 넣으면 떡의 맛이 사라져요.

with 단무지옥수수주먹밥

떡볶이로 한 끼를 해결할 요량이라면 즉석 주먹밥도 함께 준비해주세요.
몇 가지 재료만 준비해 즉석에서 뭉쳐내면 매콤한 떡볶이에 곁들이기
좋은 주먹밥이 완성되지요. 단무지는 수분을 최대한 제거한 뒤 넣어야
주먹밥이 질어지지 않습니다. 밥, 단무지, 옥수수, 참기름, 소금을 섞고
마지막에 김가루를 넣어야 지저분해지지 않아요.

밥 200g, 단무지 · 옥수수 1/4컵씩, 김가루 1/2컵, 참기름 1/2작은술, 소금 약간

1. 단무지는 곱게 다져서 준비한다.
2. 볼에 밥과 다진 단무지, 옥수수를 고루 섞는다.
3. ❷에 참기름, 소금 약간을 섞은 후 마지막에 김가루를 섞는다.
4. ❸을 동글동글하게 모양을 잡아 완성한다.

PART 2

크림떡볶이

별미처럼 즐기기 좋은 떡볶이입니다. 매운맛에 약한
아이들이나 부드러운 맛을 즐기는 분들에게 특히 인기가
좋지요. 고추장이나 간장 대신 생크림, 휘핑크림, 우유,
치즈 등도 특별한 떡볶이 양념이 될 수 있습니다. 진한
맛을 즐긴다면 생크림만 넣어 중약 불에서 끓여주세요.

BASIC

- 라자냐떡볶이
- 맥앤치즈떡볶이
- 빠네크림떡볶이
- 생크림단호박즉석떡볶이
- 검정콩우유떡볶이
- 해물크림즉석국물떡볶이
- 날치알떡볶이
- 불닭크림떡볶이
- 살사치아떡볶이

PLUS+

+ 스리라차소스 스리라차치킨크림떡볶이
+ 고추장 새우고추장로제떡볶이
+ 짜장가루 짜장치즈크림떡볶이
+ 카레가루 카레크림감자크로켓떡볶이
+ 콩가루 콩가루크림떡볶이
TIP1 크림떡볶이 소스에 밥 볶기
TIP2 크림떡볶이에 어울리는 즉석 주먹밥

고소함이 두 배!
치즈토핑 크림떡볶이

빠네크림떡볶이

라자냐떡볶이

맥인치즈떡볶이

라자냐떡볶이

BASIC

파스타면으로만 즐기던 라자냐를 우리의 전통 떡쌈을 이용해 만들었어요. 떡쌈 사이사이에 쇠고기와 생크림으로 만든 소스를 올려 맛과 영양 모두 신경 썼습니다.

떡쌈 6장, 다진 쇠고기 100g, 모짜렐라치즈 2/3컵, 체다치즈 3장
소스 생크림 1컵, 다진 양파 3큰술, 올리브유 1/2큰술, 다진 마늘 1작은술, 소금 1/5작은술, 후춧가루 약간
쇠고기 양념 맛술 1작은술, 다진 마늘 1/2작은술, 소금 1/6작은술, 후춧가루 약간

1. 떡쌈은 끓는 물에 한 장씩 살짝 데쳤다 펼친다.
2. 볼에 쇠고기 양념 재료를 섞은 뒤 다진 쇠고기를 넣어 재운다.
3. 달군 팬에 올리브유를 둘러 다진 양파, 다진 마늘을 볶다가 양념한 다진 쇠고기를 넣고 볶는다.
4. ❸의 다진 쇠고기가 익을 즈음 생크림, 소금, 후추가루를 더해 농도가 나도록 졸여 쇠고기크림 소스를 완성한다.
5. 오븐 용기에 떡쌈 → 쇠고기크림 소스 → 모짜렐라치즈 → 체다치즈 → 떡쌈 → 모짜렐라치즈 → 체다치즈 순으로 올린다.
6. 200℃로 예열한 오븐에 넣어 치즈가 녹을 정도로 익혀 완성한다.

COOKING TIP

자박하게 졸인 소스가 접착제 역할

라자냐용 소스를 만들 때는 생크림을 넣어 자박해질 정도로 졸여주세요. 그래야 떡쌈과 소스가 쉽게 떨어지지 않아 맛있는 라자냐를 만들 수 있어요.

맥앤치즈 떡볶이 BASIC

심플하게 치즈가 듬뿍 든 떡볶이를 먹고 싶다면 맥앤치즈 떡볶이를 강추해요. 모짜렐라치즈에 체다치즈가 합쳐진 진한 치즈의 맛이지요. 구슬떡을 넣어 소스와 떡볶이를 함께 떠먹기 좋습니다.

구슬떡 150g, 모짜렐라치즈 2/3컵, 체다치즈 2장
소스 생크림 1컵, 버터·밀가루 1큰술씩, 소금 1/4작은술, 후춧가루 약간

1. 구슬떡은 끓는 물에 말랑하게 데쳐 찬물에 헹궈 체에 밭친다.
2. 약하게 달군 팬에 버터를 넣고 거의 녹을 때쯤 밀가루를 볶아 루를 만든다.
3. ❷가 약간 노릇해지면 생크림과 소금을 섞어 소스를 완성한다.
4. ❸의 소스에 모짜렐라치즈, 체다치즈를 넣고 치즈가 녹으면 데친 구슬떡을 버무린다.
5. 접시에 완성된 떡볶이를 담고 후춧가루를 약간 뿌려낸다.

COOKING TIP

버터는 약한 불에서 녹여야 타지 않아

버터는 발연점이 낮아 센 불에서 녹이면 연기가 나고 타버리기 십상이지요. 버터가 거의 녹을 때쯤 밀가루를 넣어 재빠르게 볶아야 맛있는 소스를 만들 수 있어요.

빠네크림떡볶이 BASIC

크림소스로 만든 떡볶이를 속을 파낸 빠네 빵 안에 넣은 떡볶이예요.
크림소스가 빵 안에 스며들어 부드러운 빵과 쫄깃한 떡을 한 번에 먹을 수
있지요. 빠네 빵이 없다면 자르지 않은 통식빵을 이용하여도 좋습니다.

조랭이떡 200g, 빠네 빵 1개, 베이컨 3장, 브로콜리 1/5개, 양파 1/4개, 파슬리가루 약간
소스 생크림 2컵, 다진 마늘 1작은술, 올리브유 1/2큰술, 소금 1/2작은술, 후춧가루 약간

1. 베이컨은 먹기 좋은 크기로 썰고, 양파는 0.3cm 두께로 슬라이스한다. 브로콜리는
적당한 크기로 잘라 끓는 물에 살짝 데친다.
2. 빠네 빵은 윗부분을 잘라 속을 파낸다.
3. 조랭이떡은 끓는 물에 말랑하게 데쳐 찬물에 헹궈 체에 밭친다.
4. 달군 팬에 올리브유를 두른 후 다진 마늘, 채 썬 양파를 볶다가 베이컨,
데친 브로콜리 순으로 넣어 볶는다.
5. ❹에 생크림과 소금, 후춧가루를 넣고 끓어오르면 데친 조랭이떡을 더해 끓인다.
6. 빠네 빵 속에 ❺의 떡볶이를 넣고 그 위에 파슬리가루를 뿌린다.

생크림단호박
즉석떡볶이 BASIC

생크림을 거품기로 저어 단단하게 만든 후 짤주머니에 넣어서
떡볶이에 올렸어요. 크림 소스와 생크림이 만나니 입에서 살살 녹아요.

얇은 쌀떡 200g, 생크림 1컵, 단호박 1/5개, 양파 · 브로콜리 1/4개씩,
미니 당근 5개, 아몬드 슬라이스 2큰술
소스 우유 2컵, 다진 양파 2큰술, 다진 마늘 1작은술, 소금 1/2작은술,
후춧가루 약간

1. 얇은 쌀떡은 물에 10분 정도 담갔다 체에 밭친다.
2. 단호박과 양파는 0.5cm 두께로 슬라이스하고, 브로콜리는 먹기 좋은
   크기로 자른다.
3. 생크림은 거품기를 이용해 한쪽 방향으로 저어 휘핑크림을 만든 후
   깍지를 끼운 짤주머니에 넣는다.
4. 볼에 소스 재료를 모두 섞어 소스를 완성한다.
5. 냄비에 얇은 쌀떡과 단호박, 양파, 브로콜리, 미니 당근을 올린 뒤
   소스를 붓고 한쪽에 짤주머니를 이용해 휘핑크림을 올린다.
6. ❺에 아몬드 슬라이스를 뿌린 뒤 끓여가며 먹는다.

COOKING TIP

휘핑크림은
차가워야 잘 만들어져

휘핑크림을 만들 때 모양이 잘
잡히지 않는다면 아래에 얼음
을 넣은 볼을 받치고 만들어보
세요. 차가운 상태로 거품기를
돌리면 휘핑크림이 단단하게
잘 만들어져요.

검은콩우유
떡볶이 BASIC

검은콩과 우유를 넣어서 검은콩우유떡볶이를 만들었어요. 영양은 물론 맛도 좋아 성장기 아이들 간식으로 안성맞춤이지요. 치즈와 생크림으로 고소함을 더했어요.

자색고구마떡 200g, 검은콩 1/2컵, 우유 1과1/2컵
소스 생크림 1/2컵, 흰색 체다치즈 2장, 다진 양파 2큰술,
다진 마늘 1작은술, 올리브유 1/2큰술, 소금 1/3작은술, 후춧가루 약간

1. 검은콩은 깨끗이 씻어 물이 잠기도록 붓고 6시간 이상 불린다.
2. 냄비에 불린 검은콩과 콩이 잠길 정도의 물을 부어 20분 정도 삶고 1큰술을 따로 덜어둔다.
3. 믹서에 삶은 검은콩과 우유를 넣고 곱게 간다.
4. 자색고구마떡은 끓는 물에 말랑하게 데쳐 찬물에 헹궈 체에 밭친다.
5. 달군 팬에 올리브유를 두르고 다진 양파, 다진 마늘을 노릇하게 볶은 후 나머지 소스 재료를 모두 넣고 끓여 소스를 만든다.
6. 완성된 소스에 ❸을 섞어 끓이다 데친 자색고구마떡을 넣어 완성한다. 접시에 담아 삶은 검은콩 1큰술을 올려낸다.

**검은콩은 냉장실에서
충분히 불려야**

콩은 예민한 식재료예요. 덜 삶으면 비린내가 나고, 더 삶으면 메주나 된장 냄새가 납니다. 더운 날씨에 콩을 불릴 때는 실온이 아닌 냉장실에서 6시간 이상 불려주세요.

날치알떡볶이

해물크림즉석국물떡볶이

해물크림즉석 국물떡볶이 BASIC

꽃게, 오징어, 새우 등 여러 가지 해산물로 맛을 낸
크림국물떡볶이예요. 온가족이 둘러앉아 끓여 먹기 좋아요.

밀떡 200g, 꽃게 1마리, 오징어 1/3마리, 칵테일새우 5마리
소스 생크림·우유 1과1/2컵씩, 다진 양파 2큰술, 다진 마늘 1작은술,
올리브유 1/2큰술, 소금 1/2작은술, 후춧가루 약간

1. 밀떡은 끓는 물에 30초간 데쳐 물에 헹구어 체에 받친다.
2. 꽃게는 솔로 구석구석 문질러 씻은 뒤 배딱지를 벌리고 모래집과
아가미를 제거한 후 몸통은 반으로 자른다.
3. 오징어는 내장과 뼈를 제거하고 2cm 두께로 링 모양으로 자른다.
4. 새우는 두번째 마디에 이쑤시게를 이용하여 내장을 제거한다.
5. 달군 냄비에 올리브유를 둘러 다진 양파, 다진 마늘을 볶다가
생크림과 우유, 소금, 후춧가루를 넣어 소스를 완성한다.
6. ❺에 데친 밀떡과 꽃게, 오징어, 새우를 넣고 끓여가며 먹는다.

COOKING TIP

**생꽃게는 소주를 뿌려
냉동 후 손질**

생꽃게라면 꽃게에 소주를 뿌
려 냉동시켰다가 손질하면 비
린내도 사라지고 손질도 수월
해져요. 꽃게를 다듬을 때는 칼
로 배딱지를 벌려 모래집과 아
가미를 제거하세요.

날치알떡볶이

BASIC

먹을 때마다 톡톡 씹히는 날치알과 곱게 다진 청양고추의 조화가
일품이지요. 취향에 따라 날치알 양을 조절해 넣으세요.

얇은 쌀떡 200g, 모둠해물 1컵, 날치알 3큰술, 청양고추 1/2개
소스 생크림 2컵, 다진 양파 2큰술, 다진 마늘 1작은술, 올리브유 1/2큰술,
소금 1/3작은술, 후춧가루 약간
날치알 담금 양념 청주 1큰술, 식초 1작은술

1. 날치알은 한 번 헹구어 담금 양념에 10분간 넣었다 체에 받친다.
2. 얇은 쌀떡은 끓는 물에 30초간 데쳐 찬물에 헹구어 체에 받친다.
3. 청양고추는 가능한 곱게 다진다.
4. 달군 팬에 올리브유를 두른 후 다진 양파와 다진 마늘을 볶다가
   모둠해물과 소금, 후춧가루를 넣어 볶는다.
5. ④에 생크림과 데친 얇은 쌀떡, 날치알 2큰술, 다진 청양고추를
   넣고 끓인다.
6. 접시에 ⑤를 담고 그 위에 남은 날치알 1큰술을 올려 완성한다.

COOKING TIP

담금 양념한 날치알은
수분을 제거해야

날치알은 청주와 식초를 섞은
담금 양념에 재웠다가 사용해
야 비린 맛이 사라져요. 이후
체에 받쳐 수분을 제거해야 떡
볶이가 싱거워지지 않아요.

불닭크림떡볶이 BASIC

크림떡볶이가 느끼하다면 닭안심을 양념에 재워 구운 불닭을 곁들이세요.
매콤한 불닭이 크림의 느끼함을 한번에 없애주어요. 더 맵게 먹고 싶다면
청양고추를 다져서 넣어주세요. 고춧가루보다 깨끗한 매운맛이 돌아요.

얇은 쌀떡 200g, 닭안심 100g, 양파 1/4개, 쪽파 2줄기, 올리브유 1/2큰술
소스 생크림 2컵, 다진 마늘 1작은술, 올리브유 1/2큰술, 소금 1/3작은술, 후춧가루 약간
불닭 양념 청양고춧가루 · 다진 양파 1큰술씩, 고추장 · 맛술 2/3큰술씩,
다진 마늘 · 다진 청양고추 · 설탕 1/2큰술씩, 간장 1작은술

1. 닭안심은 먹기 좋은 크기로 썰고 불닭 양념을 만들어 재운다.
2. 양파는 0.3cm 곱게 채 썰고 쪽파는 송송 잘게 썬다.
3. 얇은 쌀떡은 끓는 물에 말랑하게 데쳐 찬물에 헹궈 체에 밭친다.
4. 달군 팬에 올리브유 1/2큰술을 둘러 양념에 재운 불닭을 볶아 익힌다.
5. 달군 팬에 올리브유 1/2큰술을 둘러 채 썬 양파, 다진 마늘을 볶는다.
6. ❺에 생크림, 소금, 후춧가루, 데친 얇은 쌀떡을 넣고 끓인다.
7. 접시에 ❻을 담아 볶은 불닭을 올리고 그 위에 송송 썬 쪽파를 뿌린다.

살시치아떡볶이
BASIC

후다닥 아이들 간식으로 내놓기 좋은 메뉴예요. 소시지로 식감을 높이고 방울토마토로 입가심을 해주지요. 소시지가 너무 짜다면 한 번 데쳐 넣으세요.

얇은 쌀떡 200g, 소시지 2개, 방울토마토 8개, 양파 1/4개, 파슬리가루 약간
소스 생크림 2컵, 다진 마늘·올리브유 1작은술씩, 소금 1/3작은술, 후춧가루 약간

1. 방울토마토는 이쑤시개를 이용하여 콕콕 찔러 준 후 끓는 물에 데친 뒤 껍질을 벗긴다.
2. 얇은 쌀떡은 끓는 물에 말랑하게 데쳐 찬물에 헹궈 체에 받친다.
3. 소시지는 1cm 두께로 썰고, 양파는 0.3cm 채 썰어 준비한다.
4. 달군 팬에 올리브유를 두르고 다진 마늘, 채 썬 양파를 볶다가 소시지를 더해 볶는다.
5. ④에 데친 얇은 쌀떡과 생크림, 소금, 후춧가루를 넣고 끓이다 데친 토마토를 넣고 완성한다.
6. 그릇에 담아 파슬리가루를 뿌려낸다.

COOKING TIP

토마토는 칼집내 데쳐야 흡수율이 높아져

토마토는 살짝 데쳐내면 그 흡수율이 3배나 높아집니다. 방울토마토가 너무 작아 칼집내기가 어렵다면 이쑤시개 또는 포크로 콕콕 찌른 다음에 데쳐도 되어요.

크림파마산치즈볶음밥

크림소스에 밥을 볶으면 마치 리조또를 먹는 기분이 들지요.
남은 크림떡볶이 소스는 버리지 말고 각종 채소를 다져 넣어
볶으면 향도 맛도 좋답니다. 크림소스에 약간의 고추장,
고춧가루를 넣어도 의외로 맛있습니다. 날치알이나 소시지,
가지 등의 재료를 추가해도 좋아요.

밥 200g, 남은 크림소스 1/3컵, 다진 양파 · 파마산치즈 1큰술씩,
다진 당근 · 다진 브로콜리 1/2큰술씩

1. 팬에 남은 크림소스와 밥을 고루 섞는다.
2. ❶에 다진 양파와 다진 당근, 다진 브로콜리를 볶는다.
3. 팬 바닥에 눌은밥이 생기면 파마산을 뿌려 완성한다.

부드러우면서도 진한 풍미의 크림 소스는 생각보다 다양한 양념과 잘 어울리지요. 고추장이나 스리라차 소스와 같은 매운 양념부터 콩가루, 카레가루 같은 파우더와도 맞습니다. 다양한 소스로 떡볶이를 즐겨보세요.

+ 짜장가루

짜장가루는 약간의 물에 농도가 있게 섞어 크림에 넣어야 잘 섞여요. 짜장의 짭쪼름함과 크림의 고소한 맛이 잘 어울려요.

+ 콩가루

크림에 콩가루를 더하면 고소함이 배가되지요. 콩가루를 그냥 넣으면 뭉치기 쉬우니 체에 밭쳐 가루를 조금씩 내가며 섞어주세요.

+ 고추장

크림소스의 느끼한 맛을 고추장이 잡아줍니다. 고추장은 체에 밭쳐 저어가며 풀어줘야 크림에 잘 섞인답니다.

+ 스리라차 소스

태국식 매콤 소스인 스리라차 소스는 크림의 느끼함을 잡아주는 동시에 이국적인 맛을 더하지요.

+ 카레가루

하얀 생크림에 카레가루를 넣으면 그 빛깔부터 색다르지요. 카레의 매콤한 향이 식욕을 불러모읍니다. 거품기를 이용해 넣으면 잘 섞어요.

스리라차치킨크림
떡볶이 PLUS+ 스리라차 소스

매콤한 스리라차 소스에 고춧가루로 맛을 낸 치킨과 크림이
어우러진 떡볶이예요. 깔끔하게 매운 뒷맛이 색다르지요. 달콤한
단호박떡을 넣어 입안의 궁합을 맞추었어요.

단호박떡 200g, 닭가슴살 1쪽, 파마산치즈 3큰술, 올리브유 1/2큰술
스리라차크림 소스 스리라차 소스 1과1/2큰술, 생크림 2컵, 다진 양파 2큰술,
다진 마늘 1작은술, 올리브유 1/2큰술, 소금 1/2작은술, 후춧가루 약간
닭가슴살 양념 간장 · 고춧가루 · 올리고당 · 맛술 1작은술씩,
다진 마늘 1/2작은술, 후춧가루 약간

1. 닭가슴살은 포 뜨듯이 저며 썬 후 닭가슴살 양념에 재운다.
2. 단호박떡은 끓는 물에 말랑하게 데쳐 찬물에 헹궈 체에 밭친다.
   물기가 빠지면 반 자른다.
3. 달군 팬에 올리브유 1/2큰술을 둘러 양념에 재운 닭가슴살을 굽는다.
4. 달군 팬에 올리브유 1/2큰술을 두르고 다진 양파, 다진 마늘을
   볶다가 스리라차 소스, 생크림, 소금, 후춧가루를 넣고 끓여
   스리라차크림 소스를 완성한다.
5. ❹에 데친 단호박떡을 넣어 끓인 뒤 구운 닭가슴살과 파마산치즈를
   올려 완성한다.

COOKING TIP

닭가슴살을 저며
썰면 조리시간 단축

닭가슴살로 요리할 때 시간이
부족하다면 고기를 포 뜨듯 얇
게 썰어요. 닭고기의 두께가 얇
아지면 양념이 쉽게 배어들어
오랫동안 재운 듯한 효과를 볼
수 있어요.

새우고추장로제떡볶이 PLUS+ 고추장

크림소스에 고추장을 넣어 로제소스를 만들어보았어요. 연한 주황빛이 새우의
색과 잘 어울리죠. 새우가 들어간 요리에 새우가루를 조금 넣으면 마치 오래
끓인 해물육수 맛이 난답니다. 새우가루를 잊지 말고 꼭 넣어주세요.

얇은 쌀떡 200g, 칵테일새우 10마리, 브로콜리 1/3개, 양송이버섯 5개, 소금 약간
고추장로제 소스 고추장 1큰술, 생크림 1과1/2컵, 다진 양파 2큰술, 새우가루 · 다진 마늘 1작은술씩,
올리브유 1/2큰술, 소금 · 후춧가루 약간씩

1. 브로콜리는 먹기 좋은 크기로 잘라 끓는 물에 약간의 소금을 넣고 30초간 데친다.
2. 얇은 쌀떡은 뜨거운 물에 말랑하게 데쳐 찬물에 씻어 체에 밭친다.
3. 양송이버섯은 0.5cm 두께로 슬라이스한다.
4. 달군 팬에 올리브유를 둘러 다진 양파, 다진 마늘을 노릇하게 볶다가 칵테일새우와
   슬라이스한 양송이버섯을 넣어 볶는다.
5. ❹에 생크림과 고추장, 새우가루, 소금, 후춧가루를 더해 한 번 더 끓인다.
6. 한소끔 끓으면 데친 얇은 쌀떡과 데친 브로콜리를 버무려 완성한다.

짜장치즈크림 떡볶이 PLUS+짜장가루

짜장떡볶이 위에 하얀 치즈크림소스를 그림 그리듯 뿌려냈어요.
아이들이 좋아하는 짜장과 치즈, 생크림이 더해져 맛이 예술이지요.
식탁에 올리자마자 한 그릇이 뚝딱 사라집니다.

밀떡 200g, 양배추 2장(80g), 사각어묵 1장
양념 짜장가루 2와1/2큰술, 고춧가루 · 다진 마늘 · 갈색물엿 1/2큰술씩,
굴소스 1작은술, 물 2큰술
채수 물 3컵, 무 1cm 두께 1토막, 양파 · 당근 1/4개씩, 다시마 5×5cm 2장
치즈크림 소스 생크림 1컵, 모짜렐라치즈 2/3컵

1. 채수용 무, 양파, 당근은 채 썰고 냄비에 재료 모두 함께 끓이다.
   다시마를 건져내고 중약 불에서 10분 더 끓인다.
2. 양배추는 곱게 채 썰고 사각어묵은 반 잘라 2cm 두께로 자른다.
3. 밀떡은 끓는 물에 30초간 데쳐 찬물에 헹궈 체에 받친다.
4. 냄비에 채수와 양념 재료, 양배추를 넣고 끓으면 데친 밀떡,
   사각어묵을 더해 끓인다.
5. 생크림과 모짜렐라치즈는 약한 불에서 걸쭉하게 끓인다.
6. 접시에 ④의 떡볶이를 담고 그 위에 ⑤의 치즈크림 소스를 뿌린다.

COOKING TIP

**치즈크림소스는
약한 불에서 졸여야**

생크림과 모짜렐라치즈를 녹
일 때는 센 불에 올리지 말고
약한 불에 올리세요. 센 불에서
는 소스가 모두 타 버리고 지
방이 분리될 수 있답니다. 걸쭉
하게 끓이면 퐁듀용 소스 맛이
납니다.

카레크림감자
크로켓떡볶이

PLUS+ 카레가루

카레가루가 남아 있다면 크림소스 떡볶이에 조금만 넣어보세요. 레몬 빛의 떡볶이 위에 바삭한 감자 크로켓을 얹고 어린잎 샐러드까지 곁들이면 손님상에 올려도 손색없지요.

한입쌀떡 200g, 모짜렐라치즈 · 어린잎 샐러드 1/2컵씩, 감자크로켓 2개
카레크림 소스 카레가루 1과1/2큰술, 생크림 2컵, 다진 양파 3큰술,
다진 마늘 · 올리브유 1/2큰술씩, 소금 · 후춧가루 약간씩

1. 한입쌀떡은 끓는 물에 30초간 데쳐 찬물에 헹구어 체에 받친다.
2. 어린잎 샐러드는 흐르는 물에 씻어 체에 받쳐 물기를 뺀다.
3. 달군 팬에 올리브유를 둘러 다진 양파, 다진 마늘을 넣고 볶다가 생크림, 카레가루, 소금, 후춧가루를 잘 섞어가며 끓여 카레크림 소스를 완성한다.
4. ❸에 데친 쌀떡을 넣고 끓어오르면 모짜렐라치즈를 넣는다.
5. 접시에 ❹를 담고 그 위에 감자크로켓과 어린잎 샐러드를 올려 완성한다.

COOKING TIP

**생크림에 카레가루부터
섞어야 뭉치지 않아**

카레크림 소스를 만들 때는 생크림에 카레가루부터 넣고 섞어야 나중에 소스가 뭉치지 않아요. 여기에 떡을 넣고 끓이다가 치즈를 넣어야 치즈가 바닥에 눌러붙는 것을 막을 수 있어요.

콩가루크림
떡볶이 PLUS+콩가루

부드러운 생크림에 볶은 콩가루를 듬뿍 넣어 진하고 고소한 맛이
으뜸입니다. 마지막 단계에 체에 밭쳐 넣으세요. 콩가루를 넣고 오래
끓이면 그 맛이 떨어져요.

구멍떡 200g, 미니 새송이버섯 1/3컵, 베이컨 2장, 양파 1/4개
콩가루크림 소스 콩가루 2큰술, 생크림 1컵, 우유 1/2컵,
다진 마늘 · 올리브유 1작은술씩, 소금 1/3작은술, 후춧가루 약간

1. 구멍떡은 끓는 물에 말랑하게 데쳐 찬물에 헹궈 체에 밭친다.
2. 미니 새송이버섯은 흐르는 물에 씻어 체에 밭쳐 물기를 뺀다.
3. 베이컨은 먹기 좋은 크기로 썰고 양파는 곱게 채 썬다.
4. 달군 팬에 올리브유를 두른 후 다진 마늘, 베이컨, 채 썬 양파,
   미니 새송이버섯을 볶는다.
5. ❹에 데친 구멍떡과 생크림, 우유, 소금, 후춧가루를 넣고 끓인다.
6. 마지막에 콩가루를 체에 밭쳐 뿌려 살짝 끓여낸다.

COOKING TIP

**콩가루는
마지막 단계에 넣어야**

다른 재료를 다 넣고 콩가루를
마지막에 넣어야 고소한 맛을
오래 유지할 수 있어요. 거의
마지막 단계에서 체에 밭쳐 조
금씩 넣어가며 섞는 게 포인트
입니다.

with 볶음김치못난이주먹밥

크림소스에는 칼칼한 김치주먹밥을 곁들이세요. 크림과 찰떡궁합인
베이컨을 노릇하게 볶아 넣으면 그 맛이 좋지요. 이때 볶은 베이컨은
기름기를 최대한 빼고 넣어야 느끼하지 않아요. 김치를 볶을 때 설탕
또는 매실청을 조금 넣으면 신맛이 줄어 더 맛나답니다.

밥 200g, 볶음김치 2큰술, 베이컨 1장, 김가루 1/3컵, 참기름 1/2작은술

1. 베이컨은 먹기 좋은 크기로 썰어 팬에 볶아서 준비한다.
2. 볼에 밥과 볶은 베이컨, 볶음김치를 고루 섞는다.
3. ❷에 참기름을 섞은 후 마지막에 김가루를 넣어 섞는다.
4. ❸을 동글동글하게 모양을 잡아 완성한다.

PART 3

간장떡볶이

달달하면서도 짭조름한 간장떡볶이는 남녀노소 누구나
좋아하는 메뉴입니다. 채소와 고기 어디에도 잘 어울려
온가족이 둘러앉아 한 끼 식사로, 일품요리로 즐기기 좋지요.
간장과 단맛은 1:1 비율이 적당한데, 사용하는 간장에 따라
단맛을 조절해 넣어주세요. 핫소스, 두반장, 고춧가루 등의
소스와도 잘 어울려요.

BASIC

- 월과채떡볶이
- 마늘버터떡볶이
- 인절미떡볶이탕수육
- 해물절편누룽지떡볶이
- 땅콩떡볶이
- 가츠동떡볶이
- 바싹불고기떡볶이
- 매콤찜닭떡볶이
- 즉석간장떡볶이

PLUS+

+ 고춧가루 매운 떡깐풍치
+ 참깨소스 버섯떡샐러드
+ 핫소스 튀긴 떡볶이샐러드
+ 두반장 돼지고기가지떡볶이
+ 유자청 유자간장떡꼬치
TIP1 간장떡볶이 양념에 밥 볶기
TIP2 간장떡볶이에 어울리는 즉석 주먹밥

월과채떡볶이 BASIC

월과채는 무더운 여름 더위에 지친 몸을 보하는 전통음식입니다. '월과'는 호박을 뜻하는데 애호박과 쇠고기, 버섯, 찹쌀부꾸미를 양념해 볶아서 잡채처럼 내놓는 요리이지요. 오늘은 찹쌀부꾸미 대신 가래떡을 동그랗게 썰어 넣었어요.

가래떡 1줄, 쇠고기채 60g, 애호박 1/2개, 홍고추 1/2개, 맛타리버섯 1줌(50g), 올리브유 3작은술, 애호박 절임용 소금 1/2작은술
양념 간장 1과1/2큰술, 설탕 2/3큰술, 다진 파 1/2큰술, 다진 마늘·참기름 1작은술씩
쇠고기채 양념 맛술 1/2작은술, 올리고당 1/3작은술, 간장 1/5작은술, 후춧가루 약간

1. 볼에 양념 재료를 모두 섞어 양념장을 만든다. 쇠고기채도 고기 양념에 재운다.
2. 애호박은 씨를 도려내 반달 모양으로 썰어 애호박 절임용 소금에 10분간 절였다가 키친타월로 수분을 제거한다.
3. 홍고추는 곱게 채 썬다. 맛타리버섯은 먹기 좋은 크기로 찢어서 준비한다.
4. 가래떡은 0.7cm 두께로 동그랗게 썰어 끓는 물에 말랑하게 데쳐 찬물에 헹구어 체에 밭친다.
5. 달군 팬에 올리브유 1작은술을 둘렀다가 키친타월로 닦은 뒤 약한 불에서 데친 가래떡을 앞뒤로 노릇하게 굽는다.
6. 달군 팬에 올리브유 2작은술을 둘러 양념에 재운 쇠고기채를 볶다가 맛타리버섯과 ❶의 양념장 1/2을 넣어 함께 볶는다.
7. ❻에 애호박과 나머지 양념을 더해 볶다가 홍고추를 버무려 접시에 담는다. 한쪽에 구워낸 가래떡을 올려 완성한다.

마늘버터떡볶이

BASIC

버터와 간장의 조합이 달콤하면서 짭조름해요. 노릇하게 구운 마늘이 달큰한 맛을 더하지요. 아이와 어른, 모두가 좋아하는 맛이에요.

치즈떡 200g, 통마늘 6개, 버터 1과1/2큰술, 올리브유 2큰술, 다진 마늘 1작은술,
양념 간장 · 올리고당 1과1/2큰술씩

1. 통마늘은 크기가 큰 것은 반 자르고, 작은 것은 그대로 꼭지만 뗀다.
2. 달군 팬에 올리브유를 둘러 통마늘을 노릇하게 볶는다.
3. 치즈떡은 끓는 물에 말랑하게 데쳐 찬물에 헹구어 체에 밭친다.
4. 약하게 달군 팬에 버터를 둘러 다진 마늘을 볶는다.
5. ④에 데친 치즈떡과 간장, 올리고당을 볶는다.
6. 마지막에 노릇하게 볶아낸 통마늘을 넣고 버무려 완성한다.

COOKING TIP

마늘은 튀기듯 구워야 고루 익어

마늘은 튀기듯 구워야 노릇하니 맛이 좋아요. 올리브유를 적당히 넣어 팬을 기울여가며 마늘이 올리브유에 잠기듯 구워주세요.

인절미떡볶이
탕수육 BASIC

찹쌀로 만든 인절미는 열을 가하면 치즈처럼 늘어나지요. 인절미를
튀겨 새콤달콤한 레몬 소스를 곁들이면 별미 탕수육이 완성됩니다.

인절미 200g, 레몬 1/2개, 오이 · 양파 1/4개씩, 건포도 2큰술, 식용유 3컵
소스 간장 · 레몬즙 1큰술씩, 설탕 · 식초 4큰술씩, 물 2/3컵
튀김반죽 마요네즈 1작은술, 튀김가루 2/3컵, 물 1/2컵
녹말물 녹말가루 1/2큰술, 물 1큰술

1. 레몬과 오이는 반달 모양으로 썰고, 양파는 1cm 두께로 채 썬다.
2. 마요네즈, 튀김가루, 물을 고루 섞어 튀김반죽을 만든다.
3. 인절미에 튀김옷을 입혀 튀김 팬에 식용유를 붓고 170℃로 달구어
튀겨낸다.
4. 냄비에 소스 재료, 레몬, 오이, 양파, 건포도를 넣고 함께 끓이다
한소끔 끓으면 녹말물로 농도를 맞춘다.
5. 접시에 튀긴 인절미를 올리고 그 위에 ❹를 붓는다.

COOKING TIP

**녹말물은 마지막에
넣어야 소스 맛이 진해**

녹말물로 농도를 맞출 때는 소
스 재료를 먼저 넣고 끓인 다
음 녹말물을 넣어야 진한 소스
의 맛이 유지됩니다. 녹말물은
저어가면서 넣어야 고루 섞여
요.

해물절편누룽지 떡볶이 BASIC

누룽지 대신 절편을 튀겨 넣어 만든 해물절편떡볶이입니다. 절편은 단맛이 강하지 않아 어느 소스에 곁들여도 잘 어울리지요. 튀긴 절편이 겉은 바삭하고 안은 쫄깃해 더욱 맛나요.

절편 200g, 모둠해물 2컵, 청피망 · 홍피망 1개씩, 청경채 1포기(70g),
다진 파 1큰술, 다진 마늘 · 올리브유 1/2큰술씩, 참기름 1작은술,
식용유 3컵, 물 1컵
양념 간장 2작은술, 맛술 · 굴소스 1큰술씩, 설탕 · 다진 마늘 1작은술씩,
후춧가루 약간
녹말물 녹말가루 · 물 1큰술씩

1. 청 · 홍피망은 반으로 갈라 씨를 빼고 사방 2cm 크기로 썰고,
   청경채는 4등분한다.
2. 튀김 팬에 식용유를 부어 170℃로 달구어 절편을 튀긴다.
3. 팬에 올리브유를 둘러 다진 파와 다진 마늘을 볶다가 모둠해물을
   더해 볶는다.
4. ❸에 물 1컵을 부어 한소끔 끓어오르면 양념 재료를 넣어 끓인다.
5. ❹에 녹말물를 넣어 걸쭉해질 때까지 끓인 후 청경채,
   다진 청 · 홍피망을 넣고 불을 바로 끄고 참기름을 섞는다.
6. 접시에 튀긴 절편을 담고 ❺를 소스처럼 부어 먹는다.

COOKING TIP

향신 채소가 노릇해지면 해물 넣기

다진 파와 다진 마늘이 노릇하게 될 때까지 볶다가 해물을 넣고 볶아야 비린 맛을 없앨 수 있어요. 노릇하지 않은 상태에서 해물을 넣으면 알싸한 마늘과 파의 향만 배어요.

땅콩떡볶이

BASIC

떡이 들어간 땅콩조림을 만든다고 생각하면 되어요. 생땅콩을 삶아 간장
양념에 졸이면 씹는 식감이 아주 재미있죠. 땅콩 대신 검은콩이나 백태를
넣어도 좋아요.

조랭이떡 200g, 생땅콩 150g, 올리고당 1큰술
다시마육수 물 1컵, 다시마 5×5cm 2장
양념 간장 · 맛술 · 흑설탕 2큰술씩

1. 생땅콩은 잠길 정도의 물을 부어 끓인 뒤 체에 밭쳐 찬물로 헹군다.
땅콩을 삶아 체에 밭쳐 찬물에 헹구는 것을 2번 반복한다.
2. 냄비에 다시마육수 재료를 넣고 부르르 끓어오르면 5분 더 끓여
육수를 완성한다. 다시마는 건져 채 썰어 준비한다.
3. 조랭이떡은 끓는 물에 말랑하게 데쳐 찬물에 헹구어 체에 밭친다.
4. 냄비에 다시마육수와 양념, 데친 땅콩을 넣고 약한 불에서 졸인다.
5. ❹에 데친 조랭이떡을 넣어 수분이 없어질 때까지 더 졸인다.
6. ❺에 올리고당과 다시마채를 더해 센 불에서 윤기나도록 볶아
완성한다.

COOKING
T I P

**생땅콩은
떫은맛부터 없애야**

생땅콩은 떫은맛이 강해 물에
끓였다가 찬물에 헹구는 과정
을 2번 이상 반복해야 해요. 번
거롭지만 요리 맛은 더욱 좋아
진답니다.

반찬처럼 즐기는
일품 고기간장떡볶이

바싹불고기떡볶이

가츠동떡볶이

매콤찜닭떡볶이

가츠동떡볶이

BASIC

닭가슴살과 간장 소스, 달걀만 있으면 손쉽게 만들 수 있는 메뉴이지요. 누들떡 위에 소스를 끓여 부으면 국물이 적은 우동을 먹는 듯한 느낌이 들 거예요.

누들떡 200g, 닭가슴살 1쪽, 양파 1/3개, 대파 10cm, 달걀물 1개분, 올리브유 1작은술
채수 물 2컵, 무 1cm 두께 1토막, 양파 · 당근 1/4개씩, 다시마 5×5cm 1장
양념 쯔유 1과2/3큰술, 맛술 · 올리고당 1큰술씩, 간장 · 참기름 · 다진 마늘 1작은술씩, 후춧가루 약간
닭가슴살 양념 간장 · 올리고당 · 다진 마늘 1/2작은술씩, 후춧가루 약간

1. 채수용 무, 양파, 당근은 채 썰어 냄비에 물과 함께 넣고 끓인다. 한소끔 끓으면 다시마는 건져내고 중약 불로 줄여 10분 더 끓여 육수를 만든다.
2. 닭가슴살은 먹기 좋은 크기로 썰어 분량의 양념에 재운다.
3. 양파는 0.2cm 두께로 채 썰고, 대파는 반 갈라 5cm 길이로 썬다.
4. 달군 팬에 올리브유를 둘러 채 썬 양파를 볶다가 양념한 닭가슴살을 넣어 볶는다.
5. ❹에 채수 1컵, 양념 재료, 대파를 넣고 끓이다가 달걀물을 붓고 불을 끈다.
6. 누들떡을 끓는 물에 말랑하게 데쳐 찬물에 헹구어 체에 밭친 뒤 그릇에 담는다. 그 위에 ❺를 부어낸다.

COOKING TIP

달걀물은 넣기 직전에 약한 불로 줄여야

달걀물을 처음부터 넣으면 달걀이 모두 풀려 음식이 지저분해져요. 양념을 끓이다가 마지막 단계에서 불을 약하게 줄인 후 달걀물을 부어야 부드럽고 깔끔해요.

바싹불고기 떡볶이 BASIC

국물 있는 불고기도 맛있지만, 바싹하게 국물 없이 만든 불고기는 불맛이 더해져 고기의 식감을 즐기기 좋지요. 얇은 떡국떡을 넣고 볶으면 반찬으로 내놓아도 손색없어요.

떡국떡 · 쇠고기 불고기감 200g씩, 양파 1/3개, 대파 흰 부분 10cm, 식용유 1/2큰술
불고기&떡 양념 간장 · 설탕 2와1/2큰술씩, 간 양파 · 다진 파 3큰술씩, 다진 마늘 · 맛술 1큰술씩, 참기름 2/3큰술, 후춧가루 1/4작은술

1. 떡국떡은 끓는 물에 넣어 30초간 데치고 찬물에 헹구어 체에 밭친다.
2. 볼에 불고기&떡 양념 재료를 섞어 양념장을 만든다.
3. ❷의 양념장 중 2/3는 쇠고기 불고기감을 재우고, 1/3은 데친 떡국떡을 버무려 재운다.
4. 양파와 대파는 0.5cm로 채 썰어 달군 팬에 식용유를 둘러 볶는다. 이때 채 썬 대파는 조금 남긴다.
5. ❹에 양념한 불고기를 넣어 볶다가 양념한 떡국떡을 넣고 수분이 없어질 때까지 볶아낸다.
6. 접시에 담고 채 썬 대파를 위에 올린다.

COOKING TIP

불고기와 떡은 각각 양념에 재워

양념은 만든 후 불고기와 떡에 각각 양념를 나눠 재워두세요. 떡을 양념에 재우면 간이 잘 배어 떡볶이가 더 맛있어진답니다. 양념이 부족할 경우에는 간장과 참기름에 떡을 재우세요.

매콤찜닭떡볶이 BASIC

간장 양념의 매콤한 국물이 생각날 때 매콤찜닭떡볶이를 만들어보세요. 다진
마늘과 건고추를 먼저 볶다가 닭다리정육을 넣어 볶으면 매운 향이 닭고기에
배어들어 맛있는 매콤찜닭떡볶이를 만들 수 있어요. 닭다리정육을 이용하면
따로 뼈를 발라내지 않아 간편해요.

얇은 쌀떡 · 닭다리 정육 200g씩, 감자 · 양파 1/2개씩, 당근 1/4개, 건고추 1개,
다진 마늘 · 식용유 1작은술씩
다시마육수 물 2와1/2컵, 다시마 5×5cm 3장
양념 간장 2큰술, 흑설탕 1과1/2큰술, 갈색물엿 · 굴소스 1큰술씩,
맛술 · 다진 마늘 2/3큰술씩, 다진 대파 1/2큰술, 다진 생강 1/2작은술, 후춧가루 약간
닭 데칠 때 물 2컵, 양파 1/5개, 대파 흰 부분 5cm, 통마늘 1쪽, 청주 1/2큰술

1. 다시마육수를 끓여 준비하고, 냄비에 닭 데침용 재료를 넣고 한소끔 끓어오르면
닭다리 적당한 크기로 잘라 데친다.
2. 감자, 양파, 당근은 먹기 좋은 크기로 썰고 건고추는 2cm 길이로 자른다.
얇은 쌀떡은 물에 담근다.
3. 볼에 다시마육수 2컵과 분량의 양념 재료를 고루 섞어 양념장을 만든다.
4. 냄비에 식용유를 둘러 다진 마늘, 건고추를 넣고 볶다가 데친 닭다리 정육과 감자,
당근을 넣어 볶는다.
5. ❹에 양념장 1/2을 넣고 끓이다 얇은 쌀떡, 양파, 나머지 양념장을 더해 끓여낸다.

즉석간장떡볶이
BASIC

전골처럼 끓여 먹는 즉석간장떡볶이입니다. 배추, 쑥갓, 대파, 버섯, 고기가 들어가 채소의 시원한 맛과 고기의 깊은 맛을 한번에 즐길 수 있어요.

밀떡 · 쇠고기 불고기감 200g씩, 배추 2장, 맛타리버섯 · 쑥갓 한줌씩, 대파 흰 부분 10cm, 홍고추 1개, 삶은 달걀 2개
채수 물 4컵, 무 1cm 두께 1토막, 양파 1/3개, 당근 1/4개, 다시마 5×5cm 2장
양념 국간장 · 참치액젓 1작은술씩, 후춧가루 약간
불고기 양념 간 양파 · 다진 파 2큰술씩, 간장 · 설탕 1과2/3큰술씩, 다진 마늘 · 맛술 2/3큰술씩, 참기름 1작은술, 후춧가루 1/4작은술

1. 채수용 무, 양파, 당근은 채 썰어 냄비에 모든 재료와 함께 끓이다 다시마는 건져내고 중약 불로 줄여 10분 더 끓인다.
2. 불고기 양념 재료를 섞어 쇠고기 불고기감을 재운다.
3. 배추는 한입크기로 썰고, 맛타리버섯은 먹기 좋은 크기로 준비하고, 쑥갓은 질긴 줄기 부분만 제거한다. 대파는 0.5cm 어슷 썰고 홍고추도 어슷 썬다.
4. 냄비에 채수 3컵과 양념 재료를 섞어 붓고 양념한 불고기와 밀떡, 준비한 채소를 올려 끓여가며 먹는다.

COOKING TIP

채수에 양념을 미리 섞어 놓아야

채수에 미리 양념을 섞어주세요. 채수와 양념을 따로 넣으면 맛이 어우러지는데 시간이 더 필요하지요. 고기의 잡내가 싫다면 국물 양념에 청주 또는 맛술을 추가하세요.

간장채소달걀볶음밥

간장 양념에 밥을 볶을 때는 채소→양념→밥 순서로 넣고
볶아야 밥에 양념과 채소의 향이 함께 배어들어 더 맛있답니다.
다진 양파와 양배추 등 여러 채소를 넉넉히 넣고 볶으면 짠맛은
줄고 채소의 단맛은 강해지죠. 간장떡볶이 양념에는 버섯,
애호박, 배추, 청경채 등이 잘 어울려요.

밥 200g, 남은 간장떡볶이 양념 1/3컵, 다진 양배추 1/4컵,
다진 양파 · 다진 파프리카 1큰술씩, 달걀 1개

1. 팬에 다진 양배추와 양파, 파프리카를 볶는다.
2. ❶에 남은 간장 양념과 밥을 더해 한 번 더 볶는다.
3. 팬 바닥에 눌은밥이 생기면 달걀을 풀어 볶아 완성한다.

간장+

간장은 액상 타입이라 다양한 양념과 섞기 좋지요. 평소 즐겨 넣는 참깨, 고춧가루 외에도 핫소스, 두반장, 유자청까지 각양각색의 양념을 플러스 재료로 활용해보세요.

+ 고춧가루
간장의 짠맛과 묵직한 고춧가루의 맛이 더해져 익숙한 한식의 맛이 나지요. 서로 잘 섞여 맛내기도 편해요.

+ 참깨
간장 양념에 참깨를 섞을 때는 마지막 단계에서 넣어야 해요. 그래야 참깨의 고소한 맛과 향을 유지할 수 있지요.

+ 유자청
유자청을 다져 넣으면 간장과 겉돌지 않아요. 너무 많이 넣으면 향이 강해지므로 양을 조절해가며 넣어주세요.

+ 두반장
두반장은 한식의 된장과 같아 조금만 넣어도 요리의 맛을 상승시켜주지요. 묽은 간장에 잘 섞이는 소스입니다.

+ 핫소스
간장과 핫소스의 궁합은 의외로 좋습니다. 뒷맛이 고추장과 고춧가루를 넣는 양념과는 다른 깔끔한 매콤함이 나지요.

매운 떡깐풍기

PLUS+ 고춧가루

매콤달콤한 깐풍기 소스에 떡국떡을 튀겨 버무렸어요. 매콤한 중식 스타일의 떡볶이를 만들고 싶을 때 안성맞춤이지요. 닭고기를 같이 튀겨 넣어도 맛이 좋아요.

떡국떡 200g, 청피망 · 홍피망 1/3개씩, 양파 1/4개, 식용유 2컵
매콤간장 양념 고춧가루 1작은술, 간장 1과1/4큰술, 식초 1과1/2큰술, 설탕 1큰술, 굴소스 · 올리고당 1/2큰술씩, 물 1컵
튀김반죽 달걀 흰자 1/2개, 감자전분 3큰술, 마요네즈 1작은술
녹말물 녹말가루 1작은술, 물 1큰술

1. 청 · 홍피망과 양파는 사방 1cm로 썬다.
2. 볼에 양념을 섞어 매콤간장 양념을 준비한다.
3. 떡국떡은 물에 담가 20분 정도 불렸다가 체에 밭친다.
4. 볼에 재료를 섞어 튀김반죽을 만들어 ❸과 섞는다.
5. 튀긴 팬에 식용유를 넣고 170℃로 달군 뒤 ❹를 튀긴다.
6. 팬에 식용유를 둘러 청 · 홍피망과 양파를 볶다가 양념을 넣고 끓인다. 한소끔 끓으면 녹말물로 농도를 맞춘다.
7. 튀긴 떡국떡과 ❻을 버무려 접시에 담는다.

COOKING TIP

**마요네즈가 튀김을
더 바삭하게 만들어**

튀김반죽에 마요네즈를 조금 넣으면 튀겼을 때 바삭한 식감이 상승합니다. 반죽에 들어간 마요네즈 속 기름이 튀김을 더 바삭하게 만들어주어요.

버섯떡샐러드
PLUS+참깨 소스

향긋한 버섯과 고소한 참깨, 든든한 쌀떡이 만난 일품 샐러드입니다.
버섯을 수분 없이 볶아 쫄깃한 식감을 살렸어요.

얇은 쌀떡 150g, 표고버섯 4개, 맛타리버섯 1팩, 믹스 샐러드 채소 2컵,
올리브유 1큰술, 다진 마늘 1작은술, 생파슬리 약간
참깨간장 드레싱 깨소금 5큰술, 간장 2큰술, 식초 3큰술, 설탕 1과1/2큰술,
매실청 1큰술, 물 4큰술

1. 표고버섯은 0.3cm 두께로 썰고 맛타리버섯은 먹기 좋게 찢는다.
2. 볼에 드레싱 재료를 섞어 참깨간장 드레싱을 준비하고, 샐러드
   채소는 흐르는 물에 씻어 체에 받쳐 물기를 제거한다.
3. 얇은 쌀떡은 끓는 물에 말랑하게 데쳐 찬물에 헹구어 체에 받친다.
4. 달군 팬에 올리브유를 둘러 다진 마늘을 볶다가 ❶을 넣고 노릇해질
   때까지 볶는다.
5. 볼에 볶은 버섯과 드레싱을 넣어 버무린다.
6. 접시에 샐러드 채소를 담고 데친 얇은 쌀떡과 ❺를 올린 뒤
   생파슬리를 먹기 좋게 잘라 올린다.

COOKING TIP

**모든 재료를
버무려 먹어도 맛나**

쉽게 숨이 죽는 채소만 빼고
다른 재료는 드레싱에 버무렸
다가 먹어도 좋아요. 간이 골고
루 잘 배어 나중에 채소와 함
께 먹었을 때 심심하지 않고
맛있게 먹을 수 있는 방법이에
요.

튀긴 떡볶이샐러드

PLUS+핫소스

동글동글한 구슬떡을 튀겨 겉을 바삭하게 만들어주세요.
떡볶이 샐러드 위에 뿌리면 바삭한 크로통을 올린 샐러드의
식감을 즐길 수 있어요.

구슬떡 150g, 믹스 샐러드 채소 3컵, 파마산치즈 3큰술, 식용유 1컵
핫소스간장 드레싱 핫소스 2큰술, 간장 1과1/2큰술, 매실청 3큰술,
레몬즙 · 식초 1큰술씩, 참기름 1작은술

1. 볼에 분량의 재료를 섞어 핫소스간장 드레싱을 준비한다.
2. 튀김 팬에 식용유를 붓고 170℃로 달군 후 구슬떡을 튀긴다.
3. 샐러드 채소는 흐르는 물에 씻어 체에 밭쳐 물기를 제거한다.
4. 접시에 샐러드 채소를 담고 튀긴 구슬떡을 올린다. 그 위에
   핫소스간장 드레싱을 뿌린다.
5. 마무리로 파마산치즈를 넉넉히 뿌려 완성한다.

COOKING TIP

떡은 충분히 달군 기름에 튀겨야

기름 온도가 오르지 않은 상태
에서 떡을 튀기게 되면 떡이
기름만 많이 먹고 바삭해지지
않지요. 170℃로 오를 때까지
기다려주세요. 작은 팬에 기름
을 넉넉히 둘러 지지듯이 구워
도 되어요.

돼지고기가지떡볶이 PLUS+ 두반장

가지를 이용해서 떡볶이를 만들었어요. 가지를 노릇하게 구워 돼지고기와
두반장간장 양념에 볶으면 가지의 풍미가 더욱 좋아지지요. 가지와 돼지고기의
궁합이 아주 좋아요.

밀떡 200g, 다진 돼지고기 100g, 가지 2/3개, 다진 양파 2큰술, 다진 마늘 1/2큰술,
식용유 1큰술, 가지 절임용 소금 1/2작은술,
채수 물 2컵, 무 1cm 두께 1토막, 양파 · 당근 1/4개씩, 다시마 5×5cm 1장
두반장간장 양념 두반장 1/2큰술, 간장 1과1/2작은술, 고춧가루 · 맛술 1/2큰술씩,
올리고당 1큰술, 고추장 · 굴소스 1작은술씩
돼지고기 양념 맛술 1/2작은술, 간장 · 올리고당 · 다진 마늘 1/3작은술씩, 후춧가루 약간

1. 채수는 미리 끓여 준비하고, 다진 돼지고기는 양념에 재운다.
2. 가지는 사방 2cm로 썰어 가지 절임용 소금을 넣고 10분 정도 절여 수분을 제거한다.
3. 달군 팬에 식용유를 1/2큰술 둘러 가지를 색깔이 나도록 볶아 따로 둔다.
4. 밀떡은 끓는 물에 30초만 데쳐 찬물에 헹구어 체에 받친다.
5. 달군 팬에 식용유 1/2큰술을 둘러 다진 양파, 다진 마늘을 볶다가 양념에 재운
돼지고기를 넣어 볶는다.
6. ⑤에 두반장간장 양념 재료를 모두 넣고 한 번 더 끓인다.
7. ⑥에 채수 1컵, 데친 밀떡을 더해 부르르 끓인 후 가지를 넣어 끓여 완성한다.

유자간장떡꼬치
PLUS+ 유자청

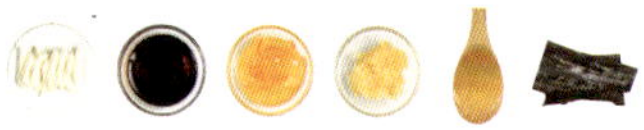

유자향이 그윽한 유자 간장 떡꼬치를 만들어 보세요. 자극적이지 않아 아이들이 잘 먹어요. 개운한 맛과 향이 가볍게 먹기 좋아요.

얇은 쌀떡 200g, 올리브유 1큰술
유자간장 양념 유자청 1큰술, 간장 1과1/2큰술, 맛술 1큰술, 올리고당 1/2큰술, 다진 마늘 1작은술, 다시마 5×5cm 1장, 물 1/2컵

1. 냄비에 유자간장 양념 재료를 모두 넣고 부르르 끓으면 다시마는 건져내고 중약 불로 줄여 양념이 1/2이 되도록 졸인다.
2. 얇은 쌀떡은 끓는 물에 말랑하게 데쳐 찬물에 헹구어 체에 밭친다.
3. 꼬치에 데친 얇은 쌀떡을 적당히 끼운다.
4. 달군 팬에 올리브유를 둘러 키친타월로 닦아 코팅한 후 ❸의 떡꼬치를 앞뒤로 노릇하게 지진다.
5. 구운 떡꼬치에 ❶의 양념을 발라 살짝 구운 후 다시 한 번 발라 완성한다.

COOKING TIP

**떡꼬치 양념은
중약 불에서 졸여야**

유자청이 들어간 양념을 만들 때는 한소끔 끓였다가 중약 불에서 차분히 졸여주세요. 한 번 부르르 끓여야 간장의 날내가 날아가고 여러 재료가 어우러져 윤기가 납니다.

with 달걀연어주먹밥

연어는 체에 밭쳐 기름을 완전히 빼야 느끼하지 않아요. 담백한
주먹밥을 원한다면 달걀 스크램블 대신 삶은 달걀을 으깨어 넣으세요.
참깨는 손바닥과 손바닥을 맞대어 비며 으깨 넣으면 더 고소한
주먹밥을 만들 수 있어요.

밥 200g, 연어 캔 1개, 달걀 1개, 참깨 1/2큰술, 참기름 1/2작은술, 올리브유 1작은술

1. 연어는 체에 밭쳐 기름을 뺀다.
2. 달군 팬에 올리브유를 둘러 달걀을 스크램블한다.
3. 볼에 밥과 기름을 뺀 연어와 달걀 스크램블, 참기름, 참깨를 섞는다.
4. ❸을 동글동글하게 모양을 잡아 완성한다.

BEST 1 길거리오뎅국

사각어묵 · 동그란 어묵 4개씩, 무 2cm 두께 1토막, 양파 1개,
소금 1/3작은술
멸치육수 물 6컵, 국물용 멸치 2컵, 무 2cm 두께 1토막,
양파 · 당근 1/3개씩, 다시마 5×5cm 2장, 건고추 1개, 청주 1작은술
양념 국간장 · 쯔유 1큰술씩

1. 무, 양파는 채 썰어 약한 불에서 소금을 넣고 뭉그러지도록 끓여
체에 밭쳐 물만 받는다.

2. 육수용 멸치는 내장을 빼고 볶고 무, 양파, 당근은 1cm 두께로 썬다.

3. 냄비에 모든 육수 재료를 함께 끓이다 한소끔 끓으면 다시마는
건지고 중약 불에서 10~15분 더 끓여 육수를 완성한다.

4. 완성된 멸치육수에 ❶의 무, 양파 끓인 물을 부어 양념해 끓이고,
어묵은 꼬치에 끼운다.

5. ❹가 한소끔 끓으면 중약 불로 줄여 어묵꼬치를 넣어 익힌다.

COOKING TIP

채소 자체의 수분으로 진한 국물 내기
길거리 오뎅 국물이 유독 맛있는 이유는 많은 양
의 채소로 국물을 냈기 때문이지요. 집에서는 무
와 양파에 소금만 넣어 약한 불에 끓이면 진한 채
수를 만들 수 있어요.

BEST 2. 얼큰오뎅국

사각어묵·동그란 어묵 4개씩, 무 2cm 두께 1토막, 청양고추·
양파 1개씩, 소금 1/3작은술
멸치육수 물 6컵, 국물용 멸치 2컵, 무 2cm 두께 1토막,
양파·당근 1/3개씩, 다시마 5×5cm 2장, 건고추 2개, 청주 1작은술
양념 국간장·쯔유·고춧가루 1큰술씩

1. 무, 양파는 채 썰어 약한 불에서 소금을 넣고 뭉그러지도록 끓여
체에 밭쳐 물만 따로 둔다. 청양고추는 송송 썬다.
2. 육수용 멸치는 내장을 빼고 볶고 무, 양파, 당근은 1cm 두께로
자른다.
3. 냄비에 모든 육수 재료를 함께 끓이다 한소끔 끓으면 다시마는
건지고 중약 불에서 10~15분 더 끓여 육수를 완성한다.
4. 완성된 멸치육수에 ❶의 무, 양파 끓인 물을 부어 양념해 끓이고,
어묵은 꼬치에 끼운다.
5. ❹가 부르르 끓으면 중약 불로 줄여 송송 썬 청양고추와
어묵꼬치를 넣어 익힌다.

--- C O O K I N G   T I P

육수와 채수를 섞으면 개운한 맛이 나

진하게 끓인 멸치육수에 무, 양파 끓여 걸러낸 물
이 국물 맛의 핵심이에요. 두 가지를 섞어 양념을
해야 개운한 맛을 낼 수 있지요.

BEST 3 잡채왕김말이

김 2장, 당면 · 다진 돼지고기 50g씩, 양파 1/5개, 당근 1/8개,
부추 5줄기, 식용유 3컵
당면 양념 간장 · 올리고당 1작은술씩, 다진 마늘 · 참기름 1/2작은술씩,
후춧가루 약간
고기 양념 간장 · 올리고당 · 맛술 · 다진 마늘 1/2작은술씩, 후춧가루 약간
튀김반죽 튀김가루 1컵, 물 2/3컵

1. 다진 돼지고기는 고기 양념에 재우고 양파와 당근, 부추는 다진다.
2. 튀김반죽을 만들어 냉장실에서 숙성시키고, 당면은 끓는 물에
7분간 익혀 체에 밭친다.
3. 팬에 ❷의 당면과 당면 양념을 더해 약한 불에서 무친다.
4. 달군 팬에 양념한 다진 돼지고기, 다진 양파와 당근을 볶는다.
5. 볼에 ❸, ❹, 다진 부추를 고루 섞어 왕김말이 속을 만든다.
6. 김 1장을 펴고 그 위에 ❺를 넣고 김 끝에 튀김반죽을 발라 돌돌
만다.
7. 튀김 팬에 식용유를 붓고 170℃로 달궈 왕김말이에 튀김옷을 입혀
튀긴다. 완성되면 먹기 좋은 크기로 썰어낸다.

------------------------------ C O O K I N G   T I P

당면 양념은 팬에서 볶아가며 해야
김말이를 할 때 속재료의 수분이 많으면 김이 쉽
게 찢어져요. 팬에 당면을 넣고 양념을 더해 볶아
야 당면에 간이 배이면서 수분까지 날아가 더 맛
있는 김말이를 만들 수 있어요.

BEST 4 **치즈김말이**

김 2장, 당면 50g, 모짜렐라치즈 1컵, 식용유 3컵
당면 양념 간장 · 올리고당 1작은술씩, 다진 마늘 · 참기름 1/2작은술씩,
후춧가루 약간
튀김반죽 튀김가루 1컵, 물 2/3컵

1. 튀김반죽을 만들어 냉장실에서 숙성시킨다.
2. 끓는 물에 당면을 넣어 7분간 익혀 체에 밭쳐 물기를 제거한다.
3. 팬에 ②의 당면과 당면 양념을 더해 약한 불에서 무친다.
4. 김 위에 양념한 당면을 놓고 모짜렐라치즈를 올린다. 김 끝에
튀김반죽을 발라 돌돌 만다.
5. 튀김 팬에 식용유를 붓고 170℃로 달궈 김말이에 튀김옷을 입혀
튀긴다. 먹기 직전에 1/2크기로 자른다.

COOKING TIP

김말이는 뜨거운 온도에서 재빨리 튀겨야

치즈 김말이는 170℃로 달군 기름에 20초 정도 튀
겼다 바로 건지세요. 치즈김말이튀김은 무게가 무
거워 건지려는 순간 튀김 팬에 붙어 튀김옷이 벗겨
질 수 있답니다.

BEST 5 납작만두

당면 50g, 부추 5줄기, 만두피 10장, 식용유 3큰술
당면 양념 간장 1작은술, 설탕 1/3작은술, 다진 마늘 · 참기름 1/4작은술씩

1. 냄비에 물을 붓고 끓어오르면 당면을 넣어 7분간 삶아 체에 밭친다.
2. 삶은 당면과 당면 양념을 고루 섞는다.
3. 부추는 1cm 길이로 송송 썰어 ❷와 섞어 만두 소를 완성한다.
4. 만두피는 한 장씩 밀대로 한 번 더 얇게 민다.
5. 만두피에 ❸을 넣고 만두피 가장자리에 물을 묻혀 납작하게 접는다.
6. 식용유를 두른 팬에서 노릇하게 굽는다.

COOKING TIP

만두피는 밀대로 한 번 더 밀어 사용
납작만두의 맛의 포인트는 만두피의 바삭함이죠.
만두피를 얇게 만든 후 속재료를 넣어야 사 먹는 납
작만두처럼 만들 수 있어요. 밀대로 납작하게 만두
피를 밀고, 속재료를 적게 넣어주세요.

BEST 6 튀김만두

당면 50g, 만두피 10장, 식용유 3컵
당면 양념 간장 1작은술, 설탕 1/3작은술, 다진 마늘 · 참기름 1/4작은술씩

1. 냄비에 물을 붓고 끓어오르면 당면을 넣어 7분간 삶아 체에 밭쳐 물기를 뺀다.
2. 삶은 당면과 당면 양념을 고루 섞는다.
3. 만두피에 ②의 당면 만두소를 덜어 가장자리에 물을 묻힌 후 반으로 접는다.
4. 튀김 팬에 식용유를 붓고 170℃로 달궈 튀김만두를 튀긴다.

COOKING TIP

물이나 달걀물로 만두피 접착력 높여
만두를 빚을 때는 만두피 가장자리에 물을 묻혀야 만두피가 잘 붙어 떨어지지 않아요. 물 대신 달걀물을 묻혀도 만두피의 접착력을 높일 수 있어요.

BEST 7 깻잎고기튀김

깻잎 5장, 다진 돼지고기 100g, 당근 1/8개, 양파 1/6개, 밀가루 3큰술,
식용유 3컵
양념 올리고당 1작은술, 소금 · 참기름 · 다진 마늘 1/2작은술씩,
후춧가루 약간
튀김반죽 튀김가루 2/3컵, 물 1/2컵

1. 튀김반죽을 만들어 냉장실에서 숙성시킨다.
2. 당근과 양파는 곱게 다진다.
3. 볼에 다진 돼지고기와 당근, 양파, 양념을 섞어 잘 치댄다.
4. 깻잎은 최대한 물기를 제거해 한쪽 면에 밀가루를 바른다.
5. 밀가루를 바른 깻잎 위에 ❸의 소를 넣고 반으로 접어 겉면에 다시
   밀가루를 묻힌다.
6. 튀김 팬에 식용유를 붓고 170℃로 달궈 ❺에 튀김옷을 입혀 튀긴다.

··· C O O K I N G   T I P

튀김반죽은 냉장실에 보관해야
튀김반죽은 냉장실에서 차갑게 숙성시켜야 튀겼을
때 바삭함이 유지됩니다. 시간이 없다면 반죽할 때
물 대신 맥주나 탄산수, 얼음물을 넣어 반죽하세요.

BEST 8 갈비맛고추튀김

고추 4개, 다진 돼지고기 100g, 당근 1/8개, 양파 1/6개, 밀가루 3큰술,
식용유 3컵
양념 간장 · 올리고당 1과1/2작은술씩, 다진 파 1작은술, 다진 마늘 ·
참기름 1/2작은술씩, 후춧가루 약간
튀김반죽 튀김가루 2/3컵, 물 1/2컵

1. 튀김반죽을 만들어 냉장고에서 숙성시키고, 당근과 양파는 다진다.
2. 볼에 다진 돼지고기, 다진 당근과 양파, 양념 재료를 모두 넣고
   치댄다.
3. 고추는 반 갈라 씨를 빼고 고추의 안쪽 면에 밀가루를 바른다.
4. 밀가루를 바른 고추에 ❷의 소를 꼭꼭 눌러 넣고 겉면에 밀가루를
   묻힌다.
5. 튀김 팬에 식용유를 붓고 170℃로 달궈 ❹에 튀김옷을 입혀 튀긴다.

- COOKING TIP

고추는 씨를 빼고 소를 넣어야
고추는 반 갈라 씨를 빼야 튀김이 깔끔해져요. 씨를
뺀 고추 안에 밀가루를 발라야 고기반죽을 넣었을
때 쉽게 떨어지지 않아요. 밀가루 대신 찹쌀가루나
녹말가루를 이용해도 됩니다.

BEST 9 쫄면

쫄면 300g, 콩나물 1/2봉지(125g), 양배추 1장(40g), 오이 1/4개,
삶은 달걀 1개
양념 고추장 · 식초 4와1/2큰술씩, 올리고당 1과1/2큰술, 설탕 · 매실청
1큰술씩, 간장 · 참기름 2/3큰술씩, 고춧가루 · 맛술 · 참깨 1/2큰술씩
콩나물 밑간 소금 · 참기름 1/6작은술씩

1. 양념장을 만들어 냉장실에서 1시간 이상 숙성시킨다.
2. 콩나물은 끓는 물에 데쳐 물기를 빼고 밑간을 한다.
3. 양배추와 오이는 0.3cm 두께로 채 썰고, 달걀은 반 잘라 준비한다.
4. 쫄면은 손바닥으로 비벼 가닥가닥 뜯어 끓는 물에 3분 정도 삶아
찬물에 여러 번 헹궈 체에 받친다.
5. ④의 쫄면에 양념장을 넣어 버무린 뒤 데친 콩나물과 채 썬
양배추와 오이, 삶은 달걀을 올려 완성한다.

COOKING TIP

쫄면은 가닥가닥 떼어 삶아야 먹기 편해
쫄면 가닥을 떼지 않고 삶으면 면이 뭉쳐서 먹기가
불편해요. 삶은 뒤에는 찬물에 여러 번 헹궈야 쫄면
특유의 냄새를 없앨 수 있습니다. 양념장을 만들 때
고추장과 식초의 비율은 1:1이 적당해요.

BEST 10 라볶이

라면사리 1개, 모둠어묵 1/2봉지, 떡 100g, 대파 10cm
멸치육수 물 4컵, 국물용 멸치 2컵, 무 2cm 두께 1토막,
양파·당근 1/3개씩, 다시마 5×5cm 2장, 청주 1작은술
양념 고추장·물엿 2큰술씩, 고춧가루·설탕 1큰술씩, 쯔유·다진 마늘
1작은술씩

1. 육수용 멸치는 내장을 빼서 볶고 무, 양파, 당근은 1cm 두께로
자른다. 냄비에 모든 재료를 함께 끓이다 한소끔 끓으면 다시마는
건지고 중약 불에서 10~15분 더 끓여 육수를 완성한다.

2. 모둠어묵은 먹기 좋은 크기로 썰고, 대파는 송송 썬다. 볼에 양념
재료를 넣고 섞어 양념장을 준비한다.

3. 끓는 물에 라면사리를 넣어 1분간 삶아 찬물에 헹궈 체에 받친다.

4. 냄비에 육수 3컵과 양념장을 부어 끓어오르면 모둠어묵, 대파, 떡을
넣어 끓인 후 마지막에 삶아 놓은 라면사리를 더해 끓인다.

C O O K I N G   T I P

라면사리는 끓는 물에 삶아 기름기 제거

라면사리는 끓는 물에 삶아 기름기를 뺀 뒤 넣어주
세요. 면을 삶지 않고 바로 넣으면 면에 양념이 너
무 많이 흡수되어 자칫 라볶이가 짜게 될 수 있어
요.

BEST 11 **토르티야피자**

토르티야 2장, 모짜렐라치즈 1컵, 꿀 4큰술, 파슬리가루 약간

1. 요리붓을 이용해 토르티야 위에 꿀을 고루 펴 바른다.
2. 꿀을 펴 바른 토르티야 위에 모짜렐라치즈를 올린다. 토르티야
1장에 꿀 1/2컵 분량으로 올린다.
3. 200℃ 예열된 오븐에 넣어 모짜렐라치즈가 녹을 때까지 굽는다.
4. ❸ 위에 파슬리가루를 뿌려 내놓는다

- COOKING TIP

입맛에 따라 소스 펴 바르기
부드럽고 느끼한 피자를 만들고 싶은 때는 꿀 대신
생크림을, 매콤한 피자를 만들고 싶을 때는 핫소스
또는 고추장 소스 등을 바르면 색다른 토르티야피
자를 만드실 수 있어요.

BEST 12 채소감자크로켓

감자 2개, 당근 1/6개, 양파 1/4개, 다진 햄 1/3컵, 달걀 1개
올리브유 1작은술, 밀가루 1/4컵, 빵가루 2/3컵, 식용유 3컵
양념 우유 1큰술, 마요네즈 1/2큰술, 소금 1/4작은술, 후춧가루 약간

1. 감자는 찜기에 올려 푹 찐 후 껍질을 벗겨 으깨 준비한다.
2. 당근과 양파를 곱게 다져 달군 팬에 올리브유 1작은술을 둘러 다진 햄과 함께 볶는다.
3. 볼에 삶아 으깬 감자와 ❷와 양념 재료를 모두 넣고 버무려 모양을 잡는다.
4. 달걀을 풀어 체에 걸러 알근을 제거해 달걀물을 만든다.
5. ❸을 밀가루 → 달걀물 → 빵가루 순으로 묻혀 170℃로 달군 식용유에 튀겨 완성한다.

COOKING TIP

감자는 찜기에 푹 쪄야 부드러워
감자는 찜기에 올려 푹 쪄야 영양소도 덜 파괴되고, 입자가 부드럽죠. 감자를 밥솥에 불린 쌀 위에 올려 같이 익혀도 되어요. 전자레인지에 익힐 때는 2~3 큰술의 물을 넣고 돌려야 부드러워져요.

BEST 13 라이스페이퍼치즈스틱

라이스페이퍼 또는 춘권피 5장, 스프링치즈 5개, 식용유 3컵

1. 볼에 미지근한 물을 받는다.
2. ❶에 라이스페이퍼를 담가 부드럽게 만든다.
3. ❷에 스프링치즈 1개를 올린 후 라이스페이퍼를 한두 번 말고, 양옆의 라이스페이퍼를 안으로 접어 다시 돌돌 만다.
4. 튀김 팬에 식용유를 부어 170℃로 달군 뒤 ❸을 넣고 튀긴다.

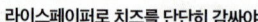

COOKING TIP

라이스페이퍼로 치즈를 단단히 감싸야

라이스페이퍼 위에 스프링치즈를 올린 뒤에는 치즈가 나오지 않게 꼼꼼하고 단단하게 잘 감싸야 해요. 자칫 튀기면서 치즈가 밖으로 새어나올 수 있어요.

BEST 14 순대채소볶음

순대 200g, 당면 50g, 양배추 3장(120g), 양파 1/3개, 당근 1/6개,
깻잎 10장, 식용유 1큰술
양념 고추장 2와1/2큰술, 들깨가루 3큰술, 고춧가루 2큰술, 간장 · 청주 ·
맛술 · 들기름 · 설탕 · 올리고당 · 다진 마늘 1큰술씩, 참치액젓 1/2큰술,
다진 생강 1/2작은술, 물 1컵

1. 당면은 찬물에 30분 정도 담가 전분기를 없앤다.
2. 양파는 0.5cm 두께로 썰고, 양배추와 당근, 깻잎은 먹기 좋게 썬다.
3. 볼에 양념 재료를 모두 섞어 양념장을 준비한다.
4. 달군 팬에 식용유를 둘러 양파, 당근을 볶다가 양배추를 볶는다.
5. ④에 불린 당면과 양념장 2/3를 넣어 볶는다. 당면이 익으면 나머지
   양념과 깻잎을 더해 볶아 완성한다.

COOKING TIP

볶음용 당면은 반드시 불렸다가 넣어야

순대채소볶음에 들어가는 당면은 끓이지 않고 볶
기 때문에 반드시 물에 불렸다 사용해야 해요. 당면
을 물에 불리면 전분기도 제거되고 단시간에 익힐
수 있지요.

5천만이 사랑하는 국민간식

한입에 떡볶이

2020년 1월 17일 3쇄 발행

요 리	//	김봉경&최승봉
요리 어시스트	//	김다영, 최선미
요리 스타일링	//	형님(ST.형님)
스타일링 어시스트	//	수영
사 진	//	박영하(여름.夏 스튜디오)
디 자 인	//	**eightball studio**

펴 낸 이	//	문영애
펴 낸 곳	//	수작걸다
주 소	//	16824 경기 용인시 수지구 고기로89
이 메 일	//	suzakbook@naver.com
블 로 그	//	blog.naver.com/suzakbook

출 력 · 인 쇄	//	도담프린팅

값 8,800원

ISBN 978-89-6993-011-8 14590

이 책은 저작권법에 따라 보호받는 저작물이므로 무단 전재와 무단 복제를 금지하며,
이 책 내용의 전부 또는 일부를 이용하려면 반드시 저작권자와 수작걸다의 서면 동의를 받아야 합니다.
* 인쇄 및 제본에 이상이 있는 책은 바꾸어 드립니다.